Zu diesem Buch

Der einfache Begriff der *Menge* kann als Fundament der gegenwärtigen Mathematik angesehen werden: ein Rudel Wölfe, eine Traube Beeren oder ein Schwarm Tauben sind Beispiele für eine Menge von Dingen. Mathematisch ausgedrückt, sind diese Dinge *Elemente* der betrachteten Mengen – sozusagen ihre «Mitglieder». Die Beziehungen zwischen den Elementen einer Menge prägen die mathematische *Struktur*. Und obwohl die Mathematik aus mehr als dreitausend unterschiedlich spezialisierten Einzeldisziplinen besteht, mag es überraschen, dass ihr Hauptgebäude auf nur drei Grundstrukturen beruht, auf drei Säulen, durch die die gesamte Mathematik begreifbar wird: die Ordnungsstruktur, die algebraische Struktur und die topologische Struktur.

Die Architektur der Mathematik ist der Versuch, Mathematik aus der Vogelperspektive zu betrachten und den gemeinsamen Nenner aller mathematischen Objekte und Inhalte zu beschreiben – als globalen architektonischen Überbau und ideale Abrundung zugleich.

Pierre Basieux studierte Mathematik, Physik, Philosophie, promovierte mit einem Thema aus dem Bereich Operations Research und Spieltheorie und war einige Jahre als Gymnasiallehrer tätig. In den achtziger Jahren war er bei einem multinationalen Konzern in leitender Position für Planung, Steuerung und Logistik verantwortlich. Seit 1990 arbeitet er als selbständiger Unternehmensberater. Zahlreiche Buchveröffentlichungen, darunter das Standardwerk «Roulette: Die Zähmung des Zufalls» (4. Auflage, München 1996). In der *science*-Reihe erschienen seine Bücher «Die Welt als Roulette: Denken in Erwartungen» (rororo Nr. 9707), «Abenteuer Mathematik: Brücken zwischen Wirklichkeit und Fiktion» (rororo Nr. 60178) und «Die Top Ten der schönsten mathematischen Sätze» (rororo Nr. 60883).

Pierre Basieux

Die Architektur der Mathematik

Denken in Strukturen

Rowohlt Taschenbuch Verlag

rororo science

Lektorat Angelika Mette

Originalausgabe
Veröffentlicht im Rowohlt Taschenbuch Verlag GmbH,
Reinbek bei Hamburg, November 2000
Copyright © 2000 by Rowohlt Taschenbuch Verlag GmbH,
Reinbek bei Hamburg
Redaktion Imke Hoffmann
Fachliche Beratung der Reihe Eva Ruhnau
Humanwissenschaftliches Zentrum, Ludwig-Maximilians-
Universität, München
Umschlaggestaltung Barbara Hanke
(Foto: «Empor» 1929, Kandinsky / Archiv für Kunst
und Geschichte, Berlin)
Alle deutschen Rechte vorbehalten
Satz aus der Minion PostScript PageOne
Gesamtherstellung Clausen & Bosse, Leck
Printed in Germany
ISBN 3 499 61119 8

Die Schreibweise entspricht den Regeln
der neuen Rechtschreibung.

Inhalt

The introduction of suitable abstractions is our only mental aid to organize and master complexity.

Edsger W. Dijkstra

Prolog

Abstraktion, Einfachheit und Struktur

Betrachter vor einem Frauenporträt von Georges Braque spotteten, einer so entstellten Person würde niemand gern auf der Straße begegnen, worauf der Maler erwiderte, er habe keine Frau malen wollen, sondern ein Bild.

Im Grunde genommen ist das Verhältnis zwischen Wirklichkeit und mathematischem Bild oder *Modell* das Gleiche: Letzteres ist auch nur ein Abbild einiger Eigenschaften wirklicher (oder gedachter) Objekte. Alles, was nicht relevant ist, bleibt dabei unberücksichtigt: zum Beispiel welcher Wochentag gerade ist oder dass Nebel über dem See steht. Modellbildung ist Willkür, Zweckmäßigkeit ihr einziger Sinn.

Für das grundlegende Verständnis ist es nützlich, die Idee der Abstraktion in der Kunst ständig im Hinterkopf zu haben. Stellen Sie sich die Mathematik einmal aus einem vereinigten «synthetisierten» Blickwinkel großer Maler des abgelaufenen Jahrhunderts vor. Pablo Picasso, Wassily Kandinsky und Paul Klee zum Beispiel sahen die Freiheit des Geistes in der Abstraktion – Vereinfachung und Herausarbeitung des Wesentlichen. Die Abstraktion der Arbeiten von René Magritte und Marcel Duchamp hingegen, eher gegenständliche Maler, lag vielmehr in der Sichtbarmachung von Widersprüchen zwischen Wirklichem, Gedachtem und Dargestelltem. Vielleicht haben Sie schon einmal Magrittes Bild einer Pfeife gesehen, das den (auf den ersten Blick widersprüchlichen) Satz *Ceci n'est pas une pipe* enthält. Kein Zweifel, diese Künstler hätten auch hervorragende Mathematiker abgeben können.

Für die abstrakte Mathematik scheint die überspitzte Charakterisierung des Logikers und Philosophen Bertrand Russell zuzutreffen, wonach die Mathematik die Wissenschaft ist, bei der man weder weiß, wovon man redet, noch, ob das, was man sagt, den Tatsachen entspricht.

Der Grund für diese Entfremdung ist eben die Abstraktion. Dabei ist Abstraktion nur ein Vereinfachungsprozess, bei dem das Unwesentliche weitgehend eliminiert, *abstrahiert* werden soll (lateinisch *abstrahere*, wegziehen). Abstraktion ist keinesfalls primitiver Reduktionismus, sondern Gedankenexperiment, Idealisierung, Konzentration auf das Wesentliche (und sei es noch so komplex!), Vereinfachung, manchmal bis zur Karikatur. Sie ist wohl die fruchtbarste Methode, Wissenschaft zu betreiben. Denn was auch immer an Konkretem gebastelt wird: Es muss erst irgendwie gedacht werden – oft in abstrakter, vereinfachter Form. Und keine Klarheit ist reiner als abstrakte. Aber keine Frage: Auch Gedachtes ist eine Kategorie von Wirklichkeit.

Die konkrete Wirklichkeit ist oft so kompliziert (nicht nur komplex), dass wir sie ohne Vereinfachung nicht in den Griff bekommen können. Wir machen uns dann ein Modell von ihr. Dieses kann sich mehr und mehr von der Wirklichkeit entfernen, den Bezug zu ihr sogar ganz verlieren. Man neigt dazu, solche Modelle mit Eigenleben als *reine* Mathematik zu bezeichnen – im Gegensatz zur *angewandten* Mathematik, die vornehmlich auf die konkrete Wirklichkeit bezogene Probleme untersucht. An sich ist Abstraktion weder gut noch schlecht, sondern nur mehr oder weniger zweckmäßig. Vor allem sollte sie nicht mit Rechenkunststücken verwechselt werden.

Rein oder angewandt, abstrakt oder konkret, einfach oder komplex: Es mag wohl gelingen, einem speziellen Problem oder mathematischen Gegenstand das eine oder andere Prädikat anzuhängen, doch ich kenne niemanden, der klare Grenzen ziehen oder schlüssig begründen könnte. Vielmehr überschneiden sich die Merkmale. Ein konkretes Problem der angewandten Mathematik kann sehr komplex sein und Aspekte enthalten, die auf die reine Mathematik zurückgreifen, und die reine, höhere Mathematik kann sehr einfach sein.

Es gibt komplexere – wenn auch konkretere – Wissensfelder als die Mathematik; man denke nur an die Rätselknackerzunft der Molekularbiologen, an die Elementarteilchenphysiker und Kosmologen, die nach der Vereinheitlichung der Naturkräfte suchen, nach einer allumfassenden Theorie, der «Weltformel», die Relativitätstheorie und Quantenwelt vereinen soll. Prinzipiell ist sogar jede Wissenschaft, die einen Teil der konkreten Wirklichkeit untersucht, komplexer als die Mathematik, weil Letztere ihre Untersuchung im Wesentlichen nur auf die innere Logik einfachster Objekte konzentriert. Aber: Ein Rädchen ist ein Rädchen, ob es nun Bestandteil einer einfachen Maschine ist oder eine von Millionen Komponenten eines überschaubaren Komplexes.

Mir schwebt vor, dass sich die Menschen irgendwann über mathematische Objekte und Fragen unterhalten können wie über Politik und soziale Themen – ohne Formeln, nur durch den verbalen Austausch von Ideen sowie die Kraft ihrer Argumente.

Der Mengenbegriff als Fundament

Als Fundament der gegenwärtigen Mathematik kann der einfache Begriff der *Menge* angesehen werden. Ein Rudel Wölfe, eine Traube Beeren oder ein Schwarm Tauben sind Beispiele für Mengen von Dingen. Diese Dinge sind die *Elemente* der betrachteten Mengen – ihre «Mitglieder». Die gedankliche Zusammenfassung eines Teils dieser Elemente nennen wir eine *Teilmenge* der ursprünglichen Gesamtheit.

Einerseits können verschiedene Beziehungsarten zwischen den Elementen oder den Teilmengen einer Grundmenge betrachtet werden, andererseits studieren Mathematiker auch Mengen von Mengen, Mengen von Mengen von Mengen – zuweilen Türme von fürchterlicher Höhe und Komplexität; sonst nichts.

Dabei ist die *Logik* natürlich unentbehrlich. Aber sie ist nicht Gegenstand der Mathematik, sondern vielmehr die «Hygiene» dieses Fachs – in ihrer Funktion etwa vergleichbar mit Grammatik und Syntax, die wir als Hygiene der Sprache auffassen können.

Drei Grundstrukturen für mehr als dreitausend Einzeldisziplinen

Die Beziehungen zwischen Elementen (und auch zwischen Teilmengen) einer Menge prägen Letzterer eine *Struktur* auf. Obwohl in der gesamten Mathematik mehr als dreitausend unterschiedlich spezialisierte Einzeldisziplinen gezählt werden (siehe Davis/Hersh, 1994), mag es überraschen, dass ihr Hauptgebäude auf nur drei *Grundstrukturen* beruht, drei Säulen, durch die beinahe die gesamte Mathematik begreifbar wird: die Ordnungsstruktur, die algebraische Struktur und die topologische Struktur – kurz: «Ordnungen, Verknüpfungen und Nachbarschaften». Jede strukturierte Menge, und sei sie noch so komplex, besteht aus einer Kombination dieser Grundstrukturen. Dies führt uns in natürlicher Weise zur Betrachtung von *multiplen Strukturen.*

Vor einigen Jahrzehnten war es modern, die verschiedenen Disziplinen der Mathematik durch den Begriff der Struktur zu ordnen. In konsequenter Fortführung von Ideen der durch David Hilbert begründeten formalistischen Schule versuchte das Unternehmen Nicolas Bourbaki, bestehend aus vorwiegend französischen Mathematikern, einen neuartigen Aufbau des Fachs aus dem Begriff der Menge und aus den Grundstrukturen: Mathematik als Strukturwissenschaft, angesiedelt zwischen Natur- und Geisteswissenschaften, aber immer noch nicht wirklich interdisziplinär, oder vielleicht treffender, falls wir die Künste mit einbeziehen, immer noch nicht interkulturell.

Aus meiner Studienzeit habe ich besonders die pädagogisch ausgerichteten Schriften der Hochschullehrer Karl Peter Grotemeyer und Herbert Meschkowski in bester Erinnerung, deren Gliederung und Inhalte mir zur Abfassung dieses Buches eine wertvolle Hilfe waren – nachdem sie mir (jenseits des Bourbakismus in Form einer fast masochistischen Tortur) damals zu einem wohltuenden Verständnis der strukturellen Mathematik verholfen hatten.

Kein Zweifel: Dies ist ein mathematisches Buch. Wer es mit Verständnis liest, weiß am Ende besser, was Mathematik ist. Besser rechnen kann er dadurch allerdings nicht.

Während in «Abenteuer Mathematik: Brücken zwischen Wirklichkeit und Fiktion» (Basieux, 1999) einige der mathematischen Hauptbereiche beschrieben werden, sind «Die Top Ten der schönsten mathematischen Sätze» (Basieux, 2000) und «Die Welt als Roulette: Denken in Erwartungen» (Basieux, 1995) punktuellen Aussagen und speziellen Bereichen gewidmet. Das vorliegende Buch ist nunmehr der Versuch, Mathematik aus der Vogelperspektive zu betrachten und den gemeinsamen Nenner aller mathematischen Objekte und Inhalte zu beschreiben: globaler Überbau und ideale Abrundung zugleich.

Auf den ersten Blick werden die Gedankengänge «sphärischer» anmuten als die Inhalte der früheren Essays. Ich werde aber zeigen, dass die erforderliche mathematische Abstraktion kaum größer ist als bei manch einer «konkreten» Denkarbeit und dass die gefürchtete Kalkültechnik oft entbehrlich ist – gerade bei anspruchsvolleren Spekulationen. Dabei geht es nämlich nicht nur darum, kreative Erfindungen und Entdeckungen in einer weitgehend «platonischen Welt» zu machen, sondern auch zielgerichtete Erkenntnisse zu gewinnen, die es dem menschlichen Geist gestatten, einfachste strukturelle Aspekte der Wirklichkeit zu begreifen – ganz unabhängig von einer materiellen Zweckgebundenheit.

Der Aufbau des folgenden Textes geschieht *step by step*. Ich scheue mich nicht, vieles vom ganz elementaren Handwerkszeug zu verwenden – so elementar, dass es ein Mathematiker in der Praxis kaum noch bewusst gebraucht. Dabei ist das Warum, auch in populärwissenschaftlichen Darstellungen oft nicht tangiert oder vernachlässigt, für den Laien wichtiger als das Wie (logische Implikation und Beweis). So wird dem Leser nach und nach die faszinierende Architektur des Mathematikgebäudes im wahrsten Sinn des Wortes *begreifbar*. Wie und Warum verlangen aber auch, dass sich der Leser immer wieder mit den eigentlichen Mechanismen des mathematischen Denkens befasst, speziell des Denkens in wesentlichen Bereichen der strukturellen Mathematik. Am Ende wird er auf seine ganz persönliche Weise die Frage beantworten können, was Mathematik denn eigentlich ist – und besonders, welchen Nutzen die Strukturmathematik hat.

In Staunen versetzt uns nicht zuletzt auch der Umstand, dass die einzelnen Räume dieses Gebäudes nie ganz fertig werden: Die Vervollkommnung geschieht in einem endlosen, kreativen Prozess.

I

Objekte des Denkens: Mengen, Dinge, Beziehungen

Man hat allzu oft die Gewohnheit, das Fremdartige
auf das Vertraute zurückzuführen. Ich bemühe mich,
das Vertraute ins Fremdartige zurückzuversetzen.

René Magritte

Grundobjekte:
Jede Menge Mengen
und ihre Elemente

Der Mathematiker hat es immer mit gewissen Objekten zu tun, die unter verschiedenen Aspekten zu einer Einheit zusammengestellt werden. Solche Einheiten nennt man *Mengen*. Nach Georg Cantor, dem Schöpfer der Mengenlehre, ist eine Menge «eine Zusammenfassung von bestimmten, wohlunterschiedenen Objekten unserer Anschauung oder unseres Denkens zu einem Ganzen». Die auf diese Weise zusammengefassten Objekte bilden die *Elemente* der Menge. Das ist die Grunddefinition der heute so genannten «naiven Mengenlehre».

Die modernen mathematischen Theorien beziehen sich auf Mengen, zwischen deren Elementen gewisse Beziehungen bestehen, die durch grundlegende Definitionen, *Axiome* genannt, festgelegt sind. Genau diese Vielfalt möglicher Beziehungen zwischen den Mengenelementen führt zu der Vielfalt von *strukturierten* Mengen, die ein Hauptanliegen dieses Buches sind. Man kann sagen: Diese *Beziehungen* sind es, die die verschiedensten *Strukturen* induzieren. Mengen ohne Beziehungen zwischen ihren Elementen muten dagegen wie amorphe Gebilde an.

Die besondere Leistung Cantors liegt in seinen Untersuchungen von Mengen mit *unendlich vielen* Elementen. Mit seiner «Theorie der Mächtigkeiten» hat er Vergleichsmöglichkeiten im Bereich des Unendlichen geschaffen. (Wir werden uns in diesem Kapitel jedoch darauf beschränken, ein paar Grundlagen der Mengenalgebra zu behandeln.)

Die Cantor'sche Definition der Menge erweist sich als sehr allgemein und sprengt den Rahmen der traditionell mathematischen Objekte – eine Tatsache, die durchaus im Sinne des Erfinders lag. Zu seinen «Objekten der Anschauung oder des Denkens» gehören Zahlen, Regenschirme und Fernsehgeräte, aber auch Begriffe wie Freiheit oder Wahlgeheimnis.

Allerdings erwies sich gerade die Weite der Begriffsbildung als verhängnisvoll. Wenn man nämlich die Definition von Mengen so weit fasst, muss man auch Mengen wie die «Menge aller abstrakten Begriffe» oder noch die «Menge aller Mengen» zulassen, also Mengen, die sich selbst enthalten. Denn die Menge aller abstrakten Begriffe ist selbst ein abstrakter Begriff und die Menge aller Mengen selbst eine Menge. Der britische Logiker und Philosoph Bertrand Russell hat gezeigt, dass man mit derartigen allgemeinen Begriffsbildungen zu Widersprüchen (*Antinomien*) kommt. Man braucht in der Tat nur danach zu fragen, ob die im Russell'schen Sinne «Menge aller Mengen, die sich selbst nicht als Element enthalten», sich selbst als Element enthält. Aus der Annahme, dass das der Fall sei, ergibt sich sofort der Schluss, dass sie sich selbst nicht als Element enthält (denn sie enthält ja gerade die Mengen, die sich *nicht* als Element enthalten). Wird dagegen angenommen, die Russell'sche Menge enthalte sich *nicht* selbst, so gehört sie doch gerade zu den Mengen, die in dieser (Russell'schen) Menge zusammengefasst werden – sie muss sich also doch als Element enthalten. Unabhängig von der Antwort gelangt man analog der Frage, ob ein Barbier, der all jene rasiert, die sich nicht selbst rasieren, nun selbst rasiert, zu einem Widerspruch.

Um solche Formulierungen und die aus ihnen ableitbaren Widersprüche zu vermeiden, hat man die zugrunde liegenden Begriffe und Operationen in einem System strenger Definitionen präzisiert, das die Bezeichnung «axiomatische Mengenlehre» erhielt – im Gegensatz zur «naiven Mengenlehre» (im Kapitel über geordnete Mengen sind auch die Axiome der Mengenlehre aufgelistet). Für die meisten mathematischen Zwecke reicht es vollkommen, die Cantor'sche Definition so zu interpretieren, dass die Elemente der Menge, bevor man sie zu einer Menge zusammenfasst, schon bestimmt sein sollen. Denn keine Menge enthält alles – es gibt keine Allmenge. Etwas philosophischer: Eine Gesamtheit, die alle Objekte (Mengen) einer Theorie enthalten würde, könnte nicht selbst Objekt der Theorie sein. Die Definition der Elemente einer Menge darf also nicht erst durch die Menge selbst erfolgen. Dann sind solche Mengen ausgeschlossen, die sich selbst als Element enthalten, und es ist kein Spielraum mehr da für Widersprüche.

Um eine Menge praktisch zu definieren, haben wir zwei verschiedene Möglichkeiten: Entweder wir zählen alle ihre Elemente auf, oder wir definieren die Menge durch eine charakteristische Eigenschaft ihrer Elemente. Die explizite Aufzählung kommt natürlich nur dann infrage, wenn die Menge endlich viele Elemente enthält.

Ein paar Beispiele sollen diese Möglichkeiten illustrieren. Dabei werden die Mengen mit großen lateinischen Buchstaben bezeichnet. Auch ist es üblich, die Elemente der betrachteten Menge einfach zwischen geschweiften Klammern zu notieren, zum Beispiel:

$A = \{1, 3, 5, a, b, x, c, Fahrrad\}$

Auch mit Worten der Umgangssprache kann man Mengen durch eine geeignete (unmissverständliche) Eigenschaft definieren:

$B = $ Lösungen der quadratischen Gleichung $x^2 + 7x - 1 = 0$
$X = $ die Buchstaben des Wortes CANTOR

Wenn x ein Element der Menge M ist, so schreiben wir dafür $x \in M$. Gehört x dagegen nicht zu M, wird das durch $x \notin M$ ausgedrückt.

Nun folgen ein paar Beispiele für *unendliche Mengen*, wobei die fett gedruckten Buchstaben traditionelle Mengenbezeichnungen mit feststehender Bedeutung darstellen:

$\mathbf{N}$ = die Menge der natürlichen Zahlen = $\{1, 2, 3, \ldots\}$

$\mathbf{N}_0$ = die Menge $\mathbf{N}$ mit der Null = $\{0, 1, 2, \ldots\}$

$F = \{3n + 5 \mid n \in \mathbf{N}_0\} = \{5, 8, 11, 14, 17, \ldots\}$

Lies: F ist gleich der Menge aller Elemente der Form $3n + 5$, wobei n die Menge der natürlichen Zahlen (einschließlich Null) durchläuft.

$\mathbf{Z}$ = die Menge der ganzen Zahlen
$= \{\ldots, -2, -1, 0, 1, 2, \ldots\} = \{0, -1, 1, -2, 2, -3, 3, \ldots\}$

$\mathbf{Q}$ = die Menge der rationalen Zahlen oder Brüche
$= \{\frac{p}{q} \mid p, q \in \mathbf{Z}, q \neq 0\} = \{\frac{p}{q} \mid p \in \mathbf{Z}, q \in \mathbf{N}\}$

$I = \{x \mid x \in \mathbf{Q}, 0 \leq x \leq 1\}$

Umgangssprachlich kann man I auch als die Menge aller rationalen Zahlen x bezeichnen, die der Ungleichung $0 \leq x \leq 1$ genügen.

Wesentlich ist die Unmissverständlichkeit: Von jedem denkbaren, möglichen Ding muss zweifelsfrei feststehen, ob es ein Element der betrachteten Menge ist oder nicht.

Durch die Schreibweise $S \subset T$ oder auch $S \subseteq T$ drücken wir aus, dass die Menge S eine *Teilmenge* der Menge T ist, das heißt, dass jedes Element $s \in S$ auch in T enthalten ist: $s \in T$. Gleichwertig dazu bedeutet $T \supset S$ (oder auch $T \supseteq S$), dass T eine *Obermenge* von S ist und letztere Menge somit enthält. (Die Zeichen $\subset$ und $\subseteq$ verwende ich gleichwertig.) Aus dieser Definition folgt sofort, dass jede Menge X sich selbst als Teilmenge enthält: $X \subseteq X$ für jede Menge X.

Die Gleichheit von Mengen wird wie folgt definiert: Zwei Mengen sind dann und nur dann gleich, wenn sie dieselben Elemente haben. Mengen können auch als Elemente anderer Mengen auftreten, aber selbstverständlich gilt es, zwischen den Zeichen $\in$ und $\subset$ (beziehungsweise $\subseteq$) stets genau zu unterscheiden; zum Beispiel:

$M = \{a, b, c, \{1, 2, 3\}\}$ oder auch $M = \{a, b, c, D\}$ mit $D = \{1, 2, 3\}$

Hier gilt:

$\{1, 2, 3\} = D \in M$, wie auch $a \in M$,
aber
$\{\{1, 2, 3\}\} = \{D\} \subset M$, wie auch $\{a\} \subset M$.

Weitere Notationen werde ich bei Bedarf einführen.

Viel Lärm um das Nichts: Ø, die leere Menge

Betrachten wir einmal die Menge G der *ganzzahligen* Lösungen der einfachen Gleichung $2x - 1 = 0$.

Die Menge G ist unmissverständlich durch die Eigenschaft ihrer möglichen Elemente bestimmt. Die Lösung der Gleichung ergibt $x = \frac{1}{2}$; das ist aber keine *ganzzahlige* Lösung. Die Menge G enthält folglich kein Element. Man schreibt $G = \{\}$ oder auch $G = \emptyset$ und nennt dies die *leere Menge* oder die *Nullmenge*.

Die erweiterte Mengenbegriffsbildung ist ebenso berechtigt wie die Einführung der Null im Zahlenbereich. Sie macht es möglich, wie in unserem Beispiel, solche Mengen zu definieren, bei denen im Voraus nicht feststeht, ob sie Elemente enthalten oder nicht.

Die leere Menge existiert also, und sie ist eindeutig. Aus der Definition der Teilmenge ergibt sich formal sofort die Feststellung: *Die leere Menge ist Teilmenge jeder Menge.*

Mengendiagramme und elementare Mengenoperationen

Zur besseren Anschaulichkeit stellt man Mengen grafisch oft durch Diagramme dar. Einen anderen Zweck als mentale Hilfestellungen erfüllen diese Grafiken jedoch nicht; insbesondere haben sie keine Beweiskraft. Eine Darstellung der Menge M = {a, b, c, D} mit D = {1, 2, 3} könnte wie folgt aussehen:

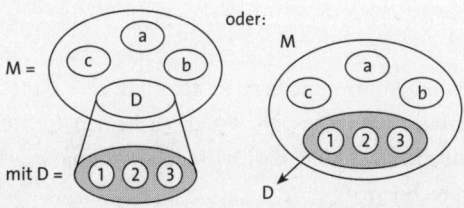

Besonders in den formalen Wissenschaften sind Prozesse, die darin bestehen, aus Objekten weitere (gleichartige) Objekte zu gewinnen, sehr wichtig: Aus vorhandenen Aussagen werden zum Beispiel weitere Aussagen abgeleitet. Desgleichen werden aus vorhandenen Mengen weitere Mengen gebildet. Häufige Mengenbetrachtungen sind die Bildung der *Vereinigung* und des *Durchschnitts*.

Liegen zwei Mengen A und B vor, so definiert man die Vereinigung A ∪ B als die Menge der Elemente, die mindestens einer der beiden Mengen angehören. Unter den gleichen Voraussetzungen wird der Durchschnitt A ∩ B als die Menge der Elemente definiert, die beiden Mengen A und B angehören.

Anmerkung: Die Durchschnittsmenge hat mit dem statistischen Durchschnitt oder Mittelwert nichts zu tun. Oft ist auch die Rede von der *Schnittmenge*. Unlängst las ich eine literarische Kritik, in der

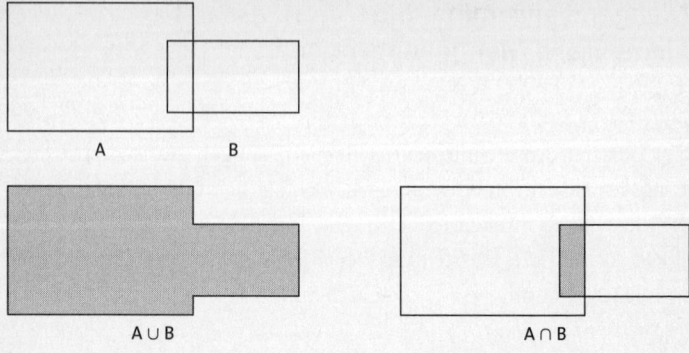

A　　　B

A∪B　　　　　A∩B

es hieß: «Dieser Autor appelliert an das Herz aller Gutwilligen und an den Verstand aller Deppen. Da diese beiden Gemeinden eine große Schnittmenge bilden, darf man auch diesmal mit hohen Verkaufszahlen rechnen.»

Zwei Mengen heißen *disjunkt*, wenn sie kein gemeinsames Element besitzen – wenn die Schnittmenge also leer ist.

Die (einfache) *Differenzmenge* $A \setminus B$ zwischen A und B ist die Menge aller Elemente aus A, die nicht in B sind:

$$A \setminus B = \{\, x \in A \mid x \notin B \,\}$$

Ist M eine Teilmenge von X, dann wird die Differenzmenge $X \setminus M$ *Komplementmenge* von M (relativ zu X) genannt und mit M^c bezeichnet.

Eine weitere Mengenoperation ist die Bildung der *symmetrischen Differenz* $A \triangle B$, definiert durch:

$$A \triangle B = (A \setminus B) \cup (B \setminus A)$$

Das ist die Menge aller Elemente aus der Vereinigung, die nicht im Durchschnitt liegen: $A \triangle B = (A \cup B) \setminus (A \cap B)$. (Manchmal wird dies auch die *Boole'sche Summe* der Mengen A und B genannt.)

Das kartesische Produkt

Eine ganz wichtige Mengenbildung ist diejenige des *kartesischen Produkts* A × B zweier Mengen A und B: Es ist die Menge aller *geordneten Paare* (a, b), wobei die erste Komponente a Element von A und die zweite Komponente b Element von B ist:

$$A \times B = \{(a, b) \mid a \in A, b \in B\}$$

Die Komponenten a und b des geordneten Paares werden auch als *erste* und *zweite Koordinate* des Elements (a, b) ∈ A × B bezeichnet. Beispiele:

Es sei X = {1, 2, 3}, Y = {a, b}.

Dann ist

$$X \times Y = \{(1, a), (1, b), (2, a), (2, b), (3, a), (3, b)\},$$

$$Y \times Y = \{(a, a), (a, b), (b, a), (b, b)\}.$$

Für unendliche Mengen X, Y sind natürlich auch die kartesischen Produkte X × Y, X × X, Y × X, Y × Y unendlich. Zum Beispiel ist das kartesische Produkt der Menge **R** der reellen Zahlen mit sich selbst, **R** × **R** oder kurz **R**^{2}, die Menge der geordneten Paare (x, y) mit x ∈ **R** und y ∈ **R**; es ist also die kartesische Ebene (der «Linearen Algebra und Analytischen Geometrie»).

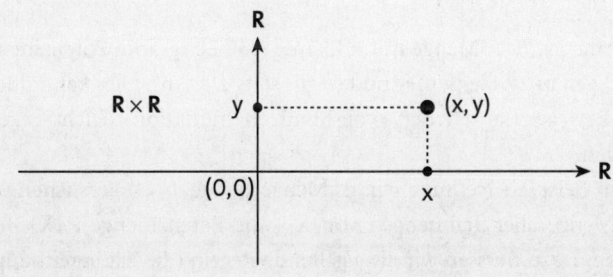

An dieser Stelle wird auch die Bezeichnung «kartesisches Produkt» klar: Durch die Einführung von Paaren reeller Zahlen als *Koordinaten* für die Punkte der Ebene hat René Descartes (Renatus Cartesius) in der ersten Hälfte des 17. Jahrhunderts die analytische Geometrie der Ebene begründet.

Es gilt der durchaus einsichtige Satz $(a, b) = (x, y)$ genau dann, wenn $a = x$ und $b = y$ ist. Diese Mengenbildung lässt sich mühelos auf mehr als zwei Mengen erweitern. Beispiel: $A = B = C = \{0, 1\}$. Dann besteht das kartesische Produkt $A \times B \times C$ aus den folgenden geordneten Tripeln, die als die Koordinaten der Eckpunkte des (dreidimensionalen) Einheitswürfels gedeutet werden können:

$$\{(0, 0, 0), (0, 1, 0), (1, 0, 0), (1, 1, 0), (0, 0, 1), (0, 1, 1), (1, 0, 1), (1, 1, 1)\}$$

Die kartesische Produktbildung geeigneter Mengen wird sich besonders bei den so genannten Produktstrukturen (wie auch zum Beispiel bei der Definition von Vektorräumen) als unentbehrlich erweisen.

Die Potenzmenge einer Menge

Die Möglichkeiten, aus vorhandenen Mengen weitere Mengen zu bilden, sind schier unerschöpflich. Eine wichtige solche Betrachtung ist die Bildung der Potenzmenge $\mathbf{P}(X)$ einer vorliegenden Menge X; das ist nichts anderes als die Menge aller Teilmengen von X:

$$\mathbf{P}(X) = \{M \mid M \subseteq X\}$$

Für eine *endliche* Menge mit n Elementen beträgt ihre Potenzmenge $\mathbf{P}(X)$ genau 2^n Elemente (und es gilt stets $2^n > n$). Dies kann durch das Beweisverfahren der «vollständigen Induktion» leicht gezeigt werden.

Ein Beispiel? Nehmen wir als Menge $X = \{a, b, c\}$. Versuchen wir, die Menge aller Teilmengen von X – die Potenzmenge $\mathbf{P}(X)$ – zu bilden. Dazu müssen wir zwei geltende Regeln (die ich bereits angeführt habe) berücksichtigen: Erstens ist die *leere Menge* { } beziehungsweise Ø Teilmenge jeder Menge; und zweitens ist jede Menge immer auch Teilmenge ihrer selbst.

Bei der Bildung aller Teilmengen von X gehen wir dann am besten systematisch vor: Zuerst nehmen wir die leere Menge: { }; danach die einelementigen Teilmengen: {a}, {b} und {c}; dann die zweielementigen Teilmengen: {a, b}, {a, c} und {b, c}; und schließlich die dreielementigen Teilmengen – das ist aber einzig und allein die Menge X selbst: {a, b, c}. Somit ergibt sich als Potenzmenge:

$$\mathbf{P}(X) = \{\varnothing, \{a\}, \{b\}, \{c\}, \{a, b\}, \{a, c\}, \{b, c\}, X\}$$

Wir erhalten also insgesamt 8 oder 2^3 Teilmengen der dreielementigen Menge X, oder auch: Die Potenzmenge $\mathbf{P}(X)$ der dreielementigen Menge X besteht aus $2^3 = 8$ Elementen. Teilmengenbetrachtungen werden später besonders bei der Definition topologischer Strukturen wichtig sein.

Sprachliche Konvention

Gilt für die Menge $X \neq \varnothing$, so nennen wir X *nichtleer* in einem Wort. Dies ist in der Mathematik Tradition, wie übrigens auch die Adjektive *nichteuklidisch, nichtkommutativ* und andere.

Beziehungen: Relationen, Abbildungen, Verknüpfungen

Wenn wir uns umsehen, finden wir überall Mengen vor: Mengen von Häusern, Mengen von Bäumen, Mengen von Blättern an Bäumen, Mengen von Menschen und so weiter. Und wir sehen auch, dass es zahlreiche Beziehungen zwischen Mengen und zwischen Elementen einer Menge geben kann, mitunter komplexeste Beziehungsnetze. Da besagt zum Beispiel eine «Theorie, dass zwei beliebige Bewohner der Erde nicht mehr als sechs Freunde voneinander entfernt sind» – ja, auch Sie... und ich. Doch ließe sich diese Maximalzahl «Sechs» nicht erheblich reduzieren, wenn wir zu den menschlichen Freunden auch noch Bücher zuließen?

In diesem Kapitel sollen einige der üblichen mathematischen Beziehungen zwischen Mengen und ihren Elementen sowie ihre Eigenschaften vorgestellt und beschrieben werden.

Unter einer *Relation* verstehen wir eine spezielle Art, Elemente einer Menge miteinander in Beziehung zu setzen. Beispielsweise ist das Befreundetsein (zwischen Menschen) so eine Relation, oder die Zugehörigkeit (zwischen Elementen und Mengen, etwa $3 \in \mathbf{N}$). Aber auch die Gleichung $x + y = 7$ definiert eine Relation zwischen den «Unbekannten» x und y. In der elementaren Geometrie ist eine Relation zwischen Geraden beziehungsweise Dreiecken durch Aussagen wie g // h oder $\Delta ABC \sim \Delta A'B'C'$ festgelegt: Die Gerade g ist zur Geraden h parallel (//), ein Dreieck ist zum anderen kongruent ($\sim$).

In der Mathematik gebrauchen wir den Begriff der Relation auch in anderen Fällen. So sprechen wir etwa von einer *Ordnungsrelation* zwischen den natürlichen Zahlen, die durch das Zeichen < *(kleiner als)* beschrieben wird: $2 < 3$. Was wir als Relation definieren werden, heißt manchmal deutlicher *binäre* (zweistellige) Relation. Ein Beispiel einer dreistelligen Relation ist die Elternschaft (Adam und Eva sind die Eltern von Kain). Wir werden jedoch keine Gelegenheit haben, dreistellige, vierstellige oder noch schlimmere Relationen zu behandeln.

Die Entwicklung der mathematischen Objekte: eine erste Skizze

Die Objekte der heutigen Mathematik gingen, beginnend mit der Betrachtung konkreter Mengen und Beziehungen, aus einem *mehrstufigen* Abstraktionsprozess hervor. Die natürlichen Zahlen entstanden einerseits (und ursprünglich) durch den abstrakten Prozess des Zählens, und konkrete Teilungsoperationen im täglichen Leben führten alsbald zu den Brüchen oder rationalen Zahlen.

Der Mensch versuchte dann, derartige Zählungen und Teilungen unabhängig von den speziellen, konkreten Dingen durchzuführen, auf die er diese Operationen gewohnheitsmäßig anwandte, weil er merkte, dass die Ergebnisse seiner Bemühungen unabhängig von den speziellen Eigenschaften der zugrunde liegenden Mengen ausfielen. Er bildete Zahlenmengen und erweiterte sie: von den natürlichen Zahlen

$\mathbf{N} = \{0, 1, 2, 3, \ldots\}$, zu den ganzen Zahlen

$\mathbf{Z} = \{0, -1, 1, -2, 2, -3, 3, \ldots\}$, zu den rationalen Zahlen

$\mathbf{Q} = \{\frac{a}{b} \mid a, b \in \mathbf{Z}, b \neq 0\}$,

weiter zu den reellen Zahlen $\mathbf{R}$ (die auch die irrationalen Zahlen wie $\sqrt{2}$ oder die Kreiszahl π enthalten) und schließlich zu den komplexen Zahlen $\mathbf{C}$, die als geordnete Paare reeller Zahlen darstellbar sind:

$$\mathbf{C} = \mathbf{R} \times \mathbf{R} = \mathbf{R}^2 = \{(x, y) \mid x, y \in \mathbf{R}\}.$$

Gleichzeitig wurden Relationen zwischen den Elementen dieser Zahlenmengen studiert sowie Eigenschaften gewisser Operationen oder Verknüpfungen zwischen den Elementen und schließlich (elementweise) Zuordnungen zwischen Zahlenmengen, wobei diese Zuordnungen oder *Abbildungen* im Kern mit eindeutig definierten gedanklichen Assoziationen vergleichbar sind.

Das war die weitere Abstraktionsstufe – die die Welt der Zahlen hervorbrachte, die heute im Geist des Menschen als eigenständige Welt, losgelöst von den konkreten ursprünglichen Mengen, weiter existiert. Gewisse Beziehungen oder Relationen, die von den konkreten Dingen her vertraut waren, wurden auf die Zahlen übertragen. Dadurch erhielten die Zahlenmengen besondere globale Eigenschaften – sie veredelten ihr amorphes Wesen zu Strukturen.

Die nächste Abstraktionsstufe bestand schließlich darin, von der speziellen Natur der Zahlen (wie von der der Mengen) wiederum abzusehen, weil man merkte, dass die Beziehungen zwischen den Mengen und zwischen ihren Elementen einen immer wichtigeren Platz einnahmen, indem diese Beziehungen allen Mengen (und nicht nur den Zahlenmengen) nützliche und schöne Strukturen aufprägten. (Auf Seite 27 sind diese Stufen schematisch dargestellt. Diese Darstellung deutet grob den mehrstufigen Abstraktionsprozess an, der der Entwicklung der mathematischen Objekte zugrunde liegt.)

Konkret und *abstrakt* wurden zunehmend relative Begriffe. So dient die Zahlenwelt, die bereits einen Abstraktionsprozess darstellt, in der nächsten Abstraktionsstufe wiederum als «konkretes» Beispiel für noch abstraktere Mengen und Räume. Jede Stufe liefert so die konkreten Beispiele für die nächsthöhere abstrakte Stufe.

Relationen

Mit mathematischer Präzision wissen wir noch nicht, wie eine Relation zwischen Elementen x und y einer Menge M definiert ist. Aber es erscheint plausibel, dass jede Relation die Menge aller derjenigen

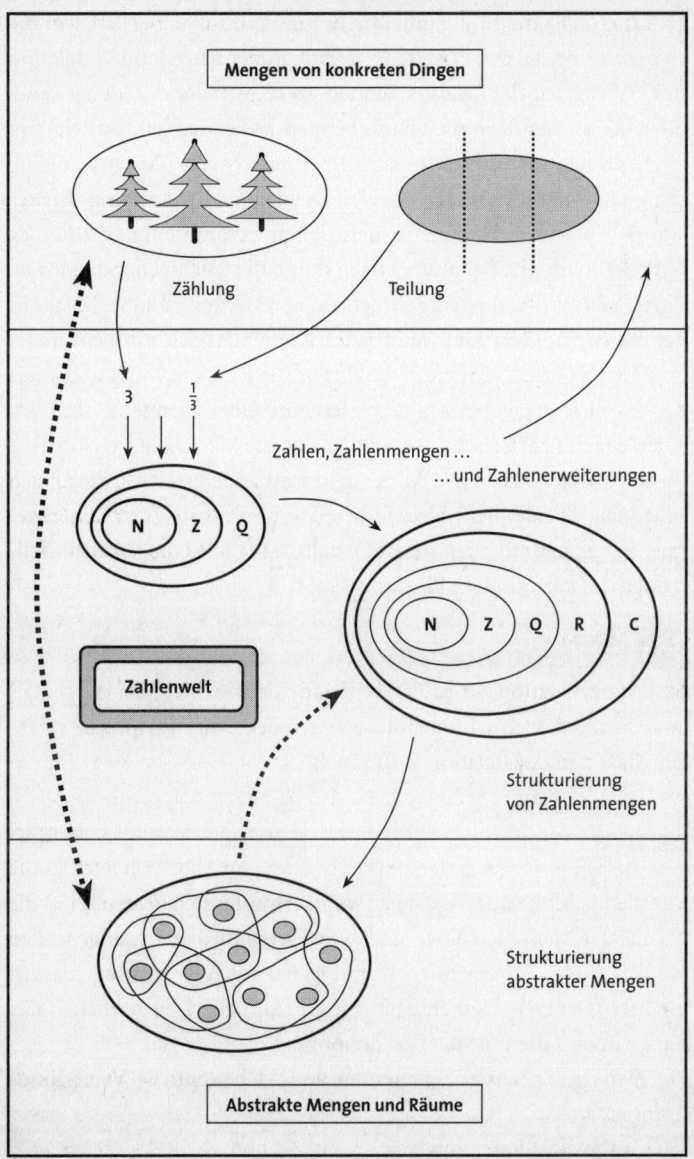

Mengen von konkreten Dingen

Zählung   Teilung

3     $\frac{1}{3}$

Zahlen, Zahlenmengen …
            … und Zahlenerweiterungen

N Z Q

Zahlenwelt

N Z Q R C

Strukturierung
von Zahlenmengen

Strukturierung
abstrakter Mengen

Abstrakte Mengen und Räume

geordneten Paare (x, y) eindeutig bestimmen sollte, bei welchen die erste Koordinate x zur zweiten y gerade in der betreffenden Relation steht. Wenn wir die Relation kennen, so kennen wir die Menge, und, noch besser, wenn wir die Menge kennen, so kennen wir die Relation.

Diese Betrachtungen begründen einen engen Zusammenhang zwischen Relationen und Mengen. Die genaue Behandlung der Relationen macht sich diesen heuristischen Zusammenhang zunutze. Man definiert eine Relation einfach durch die entsprechende Menge: Eine *Relation* ist eine Menge geordneter Paare und eine Menge R demnach eine Relation, wenn jedes Element von R ein geordnetes Paar ist, das heißt, wenn aus $z \in R$ stets die Existenz von x und y mit $z = (x, y)$ folgt, wobei x und y Elemente einer Menge M sind. Da einerseits das kartesische Produkt $M \times M$ die Menge aller geordneten Paare von Elementen aus M darstellt und andererseits R diejenigen geordneten Paare, bei welchen die erste Koordinate zur zweiten gerade in der betreffenden Relation steht, ist R nur eine spezielle Teilmenge des kartesischen Produkts $M \times M$:

$$R \subseteq M \times M$$

Ist R eine Relation, so ist es üblich, für den Sachverhalt $(x, y) \in R$ auch kurz x R y zu schreiben und wie in der Umgangssprache zu sagen, dass x in der Relation R zu y steht.

Beispiele

Für die nachfolgenden Beispiele wohlvertrauter Relationen sei M die Menge der Menschen einer Stadt. Die Elemente dieser Menge wollen wir mit a, b, c, … bezeichnen. Damit ist natürlich nicht gesagt, dass M höchstens so viele Elemente hat wie das Alphabet; wir brauchen nur einige Buchstaben für die Beschreibung.

(1) Zwischen gewissen Elementen von M besteht die Vater-Kind-Relation:

a V b: a ist Vater von b.

Zur vollständigen Beschreibung dieser Relation in M könnte man alle Vater-Kind-Paare (a, b) ∈ V ⊂ M × M aufzählen.

(2) Zwischen gewissen Elementen von M besteht die Geschwister-Relation:

s G t: s und t sind Geschwister.

Doch selbstverständlich sind nicht nur Verwandtschaftsverhältnisse denkbar.

(3) Die lexikographische Ordnungsrelation. Wir ordnen die Elemente von M alphabetisch nach ihrem Namen. Meier steht vor Meyer und Schmidt, Franz, vor Schmidt, Georg.

a ∠ b (lies: a vor b): a steht alphabetisch vor b.

Weitere vertraute Beispiele

Die Zugehörigkeit zur gleichen Berufsgruppe ist eine manchmal bedeutsame Relation: a L b (a und b sind Lehrer). Wir könnten die Bürger unserer Stadt nach Alter, Größe oder Gewicht ordnen. Da in der Stadt gekauft und verkauft wird, können wir auch die Geschäftsrelation a K b (a ist Kunde von b) in Betracht ziehen.

In jeder Menge X ist jedes Element x ∈ X mit sich selbst identisch. Diese Relation wird als *Identitäts-* oder *Gleichheitsrelation* bezeichnet;

$$\Delta = \{(x, x) \mid x \in X\} \subset X \times X.$$

Die kleinste Relation in X ist die leere Menge Ø und die größte das kartesische Produkt X × X.

Eigenschaften von Relationen

Relationen haben gewisse Eigenschaften, und es ist zweckmäßig, diesen eine Bezeichnung zu geben. Nachfolgend die konventionellen Bezeichnungen:

Eine Relation R in einer Menge M heißt

- *transitiv*, wenn aus a R b und b R c stets a R c folgt,
- *reflexiv*, wenn a R a gilt für alle a ∈ M,
- *antireflexiv*, wenn für kein Element a R a gilt,
- *symmetrisch*, wenn aus a R b stets b R a folgt,
- *asymmetrisch*, wenn a R b stets b R a ausschließt,
- *antisymmetrisch*, wenn aus a R b und b R a stets a = b folgt.

Die Relationen < (kleiner als) oder ≤ (kleiner oder gleich) oder auch die lexikographische Ordnungsrelation ∠ sind transitiv; desgleichen die Relation «verwandt sein». Hingegen sind Freundschaften nicht notwendig transitiv: Sind a und b befreundet, b und c ebenfalls, dann folgt daraus nicht zwangsläufig, dass a und c befreundet sind; sie müssten sich ja nicht einmal kennen oder könnten sogar verfeindet sein.

Die Geschwister-Relation ist reflexiv, wenn wir vereinbaren, dass stets s G s gelten soll (dass also jeder sein eigener Bruder beziehungsweise jede seine eigene Schwester ist). Auch die Gleichheits- beziehungsweise Identitätsrelation = ist reflexiv, denn es gilt stets x = x.

Die Vater-Kind-Relation ist zweifellos antireflexiv; ebenso die Relation < (kleiner als), da x < x für kein einziges x gilt.

Die Geschwister-Relation und die Relation der Zugehörigkeit zur gleichen Berufsgruppe sind beide symmetrisch.

Die Vater-Kind-Relation ist zweifellos asymmetrisch. Eine asymmetrische Relation ist stets auch antireflexiv (die Umkehrung gilt aber nicht zwangsläufig).

Selbstverständlich gibt es Relationen, die keine einzige der bezeichneten Eigenschaften besitzen.

Ordnungen und Äquivalenzen

Es gibt zwei Arten von Relationen, die in der gesamten Mathematik wichtig sind und die wie folgt bezeichnet werden:

1. Eine Relation, die asymmetrisch und transitiv ist, heißt eine *(strikte) Ordnungsrelation* oder kurz eine *Ordnung*.
2. Eine Relation, die reflexiv, symmetrisch und transitiv ist, heißt eine *Äquivalenzrelation* oder kurz eine *Äquivalenz*.

Offenbar sind sowohl die lexikographische Ordnung $\angle$ als auch die Relation $<$ (kleiner als) in der Menge der natürlichen (oder auch reellen) Zahlen Ordnungsrelationen. Hingegen sind die Geschwister-Relation G, die Parallelität // (zwischen Geraden), die Kongruenz ~ (zwischen Dreiecken) und die Gleichheits- beziehungsweise Identitätsrelation = Äquivalenzen.

Abbildungen, Funktionen

Seit Begründung der Infinitesimalrechnung durch Isaac Newton und Gottfried Wilhelm Leibniz spielt der Funktionsbegriff bei mathematischen Beschreibungen eine wichtige Rolle. In der Mechanik zum Beispiel werden die Bewegungen eines Massenpunktes durch «Funktionen» beschrieben, die der Zeit t den durch Koordinaten x, y und z beschriebenen Ort des Massenpunktes gedanklich zuordnen.

Die Temperaturentwicklung T an einem Raumpunkt ist ebenfalls «eine Funktion der Zeit», die jedem Zeitpunkt t eine bestimmte Temperatur T für den Raumpunkt zuordnet. Eine Fieberkurve ist eine grafische Darstellung einer derartigen Temperaturentwicklung an einem Ort im Laufe der Zeit.

Eine Funktion hat also den Charakter einer Beziehung – einer Relation – zwischen Mengen (Raumpunkte, Temperaturen, Zeitpunkte oder -intervalle). Und in der Tat kann der Funktionsbegriff als eine besondere Relation definiert werden (wie nachfolgend in der «zweiten Definition» ersichtlich werden wird).

Die Mathematik sieht jedoch von den speziellen Mengen und Elementen ab und benutzt zur Definition der Funktion die Terminologie der Mengenlehre, um damit zu einer viel allgemeineren Begriffsbildung zu gelangen:

Erste Definition

X und Y seien Mengen. Eine Vorschrift f, die jedem Element $x \in X$ genau ein Element $y \in Y$ zuordnet, in Zeichen $x \to y = f(x)$, heißt eine *Funktion* oder auch *Abbildung* von X in Y, in Zeichen $f: X \to Y$.

Anmerkungen und Beispiele

Stören Sie sich bitte nicht an den symbolischen – abkürzenden – Schreibweisen $x \to y = f(x)$ (elementweise Definition) und $f: X \to Y$ (mengenmäßige Darstellung der Zuordnung).

Das Element $y = f(x)$ wird der *(Funktions-)Wert* genannt, den die Funktion f an der *(Argument-)Stelle* x annimmt; gleichbedeutend damit können wir auch sagen, dass die Funktion f das Element x *auf* das Element *abbildet* oder x *nach* y *transformiert* oder das Element y *dem* Element x durch die Funktion f eindeutig *zugeordnet* wird. Dementsprechend werden die Bezeichnungen *Abbildung, Transformation, Zuordnung* sowie *Operator* (und noch andere) zuweilen als Synonyme für Funktion verwendet. Die Argument-Wert-Beschreibung einer Funktion halten die meisten Mathematiker für durchsichtiger als jede andere.

Eine konkrete Funktionsvorschrift definiert man stets auch elementweise; zum Beispiel wird durch die Relation $x + y = 7$ zwischen den «Unbekannten» x und y eine Funktion zwischen (natürlichen, rationalen oder reellen) Zahlen definiert ($\mathbf{N} \to \mathbf{N}$, $\mathbf{Q} \to \mathbf{Q}$ oder $\mathbf{R} \to \mathbf{R}$), denn man kann ja die Gleichung auflösen ($y = 7 - x$) und erhält damit eine eindeutige Zuordnung $x \to y = 7 - x$, die für alle betrachteten Zahlen x definiert ist.

Die Zuordnung Bürger $\to$ Personalausweis ist ebenfalls eine Abbildung, wenn wir voraussetzen, dass jeder (erwachsene) Bürger eines modernen Rechtsstaates einen Personalausweis besitzt.

Der aufmerksame Leser hat es längst bemerkt: Im mathematischen Sinn ist eine Abbildung keine Illustration eines Sachverhalts wie eine Abbildung in einem Buch. Noch einmal: Eine (mathematische) Abbildung f von einer Menge X in eine Menge Y ist eine eindeutige Zuordnung zwischen den Elementen von X und Y, die *jedem* Element von X *genau ein* Element von Y zuordnet.

X heißt *Definitionsbereich* und Y *Wertevorrat* oder *Bildbereich*. Die Menge aller Elemente unter Y, die durch die Abbildung festgelegt wird, heißt *Bild* von X (unter der Abbildung f) und wird mit f[X] bezeichnet. Da konkrete Abbildungen elementweise definiert werden, gilt die Bezeichnung «Bild» auch für die entsprechenden Elemente. Selbstverständlich ist alles nur gedacht: sowohl die Mengen X und Y mitsamt ihren Elementen als auch die eindeutige Zuordnung beziehungsweise Abbildung (oder Funktion) selbst.

Die nachfolgende Darstellung verdeutlicht die Abbildung (nennen wir sie F) der Menge X = {1, 2, 3, 4} in die Menge Y = {a, b, c, d, e}. Dabei ist die Abbildungsvorschrift einfach durch Pfeile angegeben.

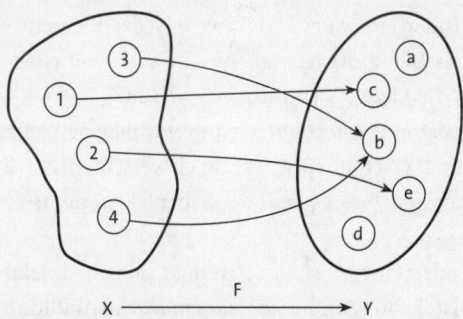

Die so definierte Abbildung F erfüllt die Definition einer Abbildung vollkommen: *Jedem* Element von X ist *genau ein* (das heißt: ein und nur ein, oder: mindestens ein und höchstens ein) Element von Y zugeordnet: $1 \rightarrow c$; $2 \rightarrow e$; $3 \rightarrow b$; $4 \rightarrow b$.

Dass nicht alle Elemente von Y in der Zuordnung vorkommen oder verschiedene Elemente von X dem gleichen Element von Y zugeordnet werden, verstößt nicht gegen die Definition einer Abbildung.

Wir können F auch als eine Relation zwischen den Mengen X und Y ansehen; dazu brauchen wir F nur als eine Teilmenge des kartesischen Produkts $X \times Y$ zu interpretieren:

$$F = \{(1, c), (2, e), (3, b), (4, b)\} \subset X \times Y.$$

Das führt nun zur zweiten Definition des Abbildungsbegriffs: Eine *Abbildung* (oder auch *Funktion*) ist eine Relation, in der verschiedene Elemente verschiedene erste Koordinaten haben.

Eigenschaften von Abbildungen

Abbildungen haben gewisse Eigenschaften, und es ist zweckmäßig, ihnen die folgenden konventionellen Bezeichnungen zu geben: Eine Abbildung $f: X \rightarrow Y$ heißt

- *surjektiv* (oder eine *Surjektion*), wenn jedes Element von Y auch wirklich als Bild auftritt; man spricht auch von einer Abbildung von X *auf* die Menge Y (französisch *sur*: auf);
- *injektiv* (oder eine *Injektion*), wenn verschiedene Elemente von X, etwa x_1 und x_2 (mit $x_1 \neq x_2$), auch verschiedene (Funktions-) Werte $y_1 = f(x_1) \neq y_2 = f(x_2)$ haben; Synonym: *eineindeutige* Abbildung;
- *bijektiv* (oder eine *Bijektion*), wenn f sowohl injektiv als auch surjektiv ist; Synonym: *umkehrbar eindeutige* Abbildung.

Bijektive Abbildungen sind «Eins-zu-eins-Abbildungen», und man spricht dann von einer *eineindeutigen Korrespondenz* zwischen X und Y.

Nachfolgend dargestellt sind einfache Beispiele einer injektiven Abbildung g: X → Y, die nicht surjektiv ist, und einer surjektiven Abbildung h: X → Z, die nicht injektiv ist.

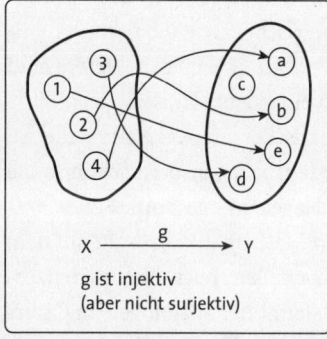

X $\xrightarrow{\text{g}}$ Y

g ist injektiv
(aber nicht surjektiv)

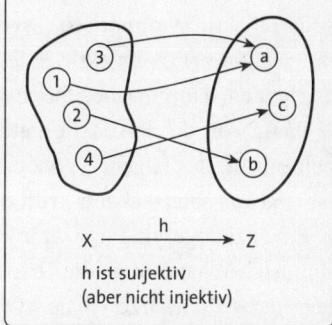

X $\xrightarrow{\text{h}}$ Z

h ist surjektiv
(aber nicht injektiv)

Anmerkungen

Ist X eine Teilmenge von Y, so wird die Funktion f, definiert durch $f(x) = x$ für jedes x in X, die *Inklusionsabbildung* (auch *Einbettung* oder *kanonische Injektion*) von X in Y genannt.

Die Inklusionsabbildung von X in X wird die *identische* Abbildung von X genannt und manchmal mit id_X bezeichnet:

$\mathrm{id}_X: X \to X$ mit $\mathrm{id}_X(x) = x$ für alle $x \in X$.

In relationentheoretischer Sprechweise ist die identische Abbildung von X dasselbe wie die Identitätsrelation in X. Weitere Spezialfälle von Abbildungen (wie die *Einschränkung*, die *Fortsetzung*, die *Projektion* usw.) werden bei Bedarf später definiert.

Pause – Über die Präzision mathematischer Begriffe

Sollten Ihnen die verschiedenen Eigenschaften von Relationen (transitiv, reflexiv, symmetrisch, asymmetrisch usw.) oder von Abbildungen (surjektiv, injektiv, bijektiv usw.) noch etwas verwirrend erscheinen, dann machen Sie einfach eine kleine Pause.

Wenn von der Präzision mathematischer Aussagen die Rede ist, fällt mir oft der folgende Witz ein. Ich gebe ja zu, er ist schon in die Jahre gekommen – aber er trifft den Nagel auf den Kopf. Also:

Ein Soziologe, ein Physiker und ein Mathematiker fahren mit dem Zug nach Wien. Als sie die Grenze nach Österreich überqueren, sehen sie zwei schwarze Schafe. «Oh», staunt der Soziologe, «in Österreich sind die Schafe ja schwarz!» Der Physiker lächelt nachsichtig und korrigiert: «Na, sagen wir lieber: In Österreich gibt es mindestens zwei schwarze Schafe.» Daraufhin der Mathematiker: «Genau genommen können Sie nur sagen, in Österreich sind mindestens zwei Schafe auf jeweils mindestens einer Seite schwarz.»

Der Logiker und Philosoph Ludwig Wittgenstein, ein Österreicher, scheint dies schon geahnt zu haben, denn er schrieb: «Alles, was wir sehen, könnte auch anders sein.» (Tractatus, 5.634)

Verknüpfungen

«Verknüpfung» ist die abstrakte Bezeichnung für etwas, das uns spätestens seit der ersten Grundschulklasse bekannt und vertraut ist. Denn von da an haben wir *addieren* und *multiplizieren* gelernt:

$$2 + 3 = 5, \ 2 \times 3 = 6.$$

Wir «verknüpfen» zwei Elemente miteinander, um ein drittes Element als Resultat zu erhalten. Im Fall $2 + 3 = 5$ ist die Verknüpfung *additiv*, während sie im Fall $2 \times 3 = 6$ *multiplikativ* ist.

Die Addition beziehungsweise die Multiplikation ordnet einem Paar von natürlichen Zahlen wieder eine natürliche Zahl zu. Insofern ist jede dieser Verknüpfungen eine Abbildung oder Funktion. Da die Ausgangselemente (die Argumentstellen) geordnete Paare natürlicher Zahlen sind und die Bildelemente (die Funktionswerte) natürliche Zahlen, sind diese Verknüpfungen (+ und ×) Abbildungen des kartesischen Produkts $N \times N$ in die Menge N (der natürlichen Zahlen). Verwenden wir das indifferente Zeichen ✻ für die Addition + oder die Multiplikation ×, dann stellt sich die Verknüpfung ✻ wie folgt dar:

✻ : $N \times N \rightarrow N$ oder, in elementweiser Darstellung:

✻ : $(a, b) \rightarrow$ ✻$(a, b) = a$ ✻ $b = c \in N$.

Freilich haben wir in der Grundschule noch nichts von kartesischen Produkten gehört. Und eigentlich ist es nicht einzusehen, Addition und Multiplikation derart umständlich darzustellen, denn damit wäre noch nichts gewonnen. Ich möchte aber nicht das kleine Einmaleins exerzieren, sondern in die immer weiter verallgemeinernde Mathematik einführen. Und da ist es nützlich, den für die moderne Strukturtheorie so wichtigen Begriff der Verknüpfung an elementaren, vertrauten Beispielen zu verdeutlichen.

Bevor ich die allgemeine Definition der Verknüpfung gebe, hier noch eine kleine Anekdote: An einem fröhlichen Sommerabend, bei einer Grillparty, fragte mich plötzlich ein Freund, schon etwas beschwipst: «Warum macht ihr Mathematiker immer alles so kompliziert? In meinem ganzen Leben bin ich immer nur mit den vier Grundrechenarten ausgekommen.» Ich konnte es mir nicht verkneifen und antwortete: «Du bist doch ein angesehener Richter. Warum macht ihr Juristen immer alles so kompliziert? In meinem ganzen Leben bin ich immer nur mit den Zehn Geboten ausgekommen.»

Kommen wir nun zur allgemeinen Definition des Begriffs der Verknüpfung.

Definition

Eine Abbildung des kartesischen Produkts M × M in die Menge M heißt eine *(zweistellige) Verknüpfung*. (Da wir uns auf zweistellige Verknüpfungen beschränken werden, schreibe ich dafür nur «Verknüpfung».)

Beispiele und Anmerkungen

Die allen vertrauten Verknüpfungen Addition und Multiplikation für die (natürlichen, rationalen und reellen) Zahlen erwähnte ich bereits.

Auch im vorangegangenen Kapitel haben wir schon Operationen kennen gelernt, die der Definition der Verknüpfung genügen. Im Abschnitt «Mengendiagramme und elementare Mengenoperationen» (Seite 19) wurden Vereinigung A ∪ B und Durchschnitt A ∩ B von Mengen A, B betrachtet. Sieht man all diese Mengen als Elemente einer Menge X an, können diese Operationen (∪ und ∩) auch als Verknüpfungen in dem eben erklärten Sinne gedeutet werden. Zusammen mit diesen Verknüpfungen begründen die Mengen so die Mengenalgebra:

$$\cup: X \times X \to X$$
$$(A, B) \to \cup(A,B) = A \cup B = C$$

$$\cap: X \times X \to X$$
$$(A, B) \to \cap(A,B) = A \cap B = D$$

Betrachten wir eine Menge von Aussagen A, B, C, …, dann stellen die Aussagen A ∨ B (lies: A oder B) und A ∧ B (lies: A und B) weitere Aussagen dar, die als Ergebnisse von Verknüpfungen gebildet werden. A ∨ B heißt *logische Summe*, wobei das «oder» ∨ im nichtausschließenden Sinne gemeint ist; A ∧ B heißt *logisches Produkt*; auch die Bezeichnungen *Konjunktion* und *Disjunktion* sind üblich.

Hier noch zwei Verknüpfungen – kgV und ggT –, von denen Sie im Schulunterricht sicher auch schon einmal gehört haben:

kgV: $\mathbf{N} \times \mathbf{N} \;\rightarrow \mathbf{N}$
$\quad$ $(6, 8) \;\;\rightarrow \text{kgV}\,(6, 8) = 24$

ggT: $\mathbf{N} \times \mathbf{N} \;\;\rightarrow \mathbf{N}$
$\quad$ $(102, 85) \rightarrow \text{ggT}\,(102, 85) = 17$

Es sind dies das *kleinste gemeinsame Vielfache* und der *größte gemeinsame Teiler*.

In der modernen Algebra spielt die Theorie der Verknüpfungen eine wichtige Rolle. Man untersucht dabei die Eigenschaften von Mengen, in denen Verknüpfungen erklärt sind, die durch gewisse Axiome festgelegt sind.

Elementare Eigenschaften einfacher Verknüpfungen

Eine Verknüpfung ✳ in der Menge A = {a, b, c, …, x, y, z} ist
– *assoziativ*, wenn stets (a ✳ b) ✳ c = a ✳ (b ✳ c) gilt. Das heißt, es spielt keine Rolle, ob man zuerst a ✳ b = x bildet und das Ergebnis x anschließend mit c verknüpft, x ✳ c = z, oder ob man zuerst das Ergebnis b ✳ c = y bildet, um anschließend a mit y zu verknüpfen, um a ✳ y = z zu erhalten. Praktisch braucht man hierbei keine Klammern, denn es gilt (a ✳ b) ✳ c = a ✳ (b ✳ c) = a ✳ b ✳ c. Die gewöhnliche Addition ist assoziativ (sowie auch die Multiplikation). Als Verknüpfung ist aber auch die *Hintereinanderausführung* gewisser Bewegungen (Drehungen und Spiegelungen, kurz Symmetrien) eines ebenen Quadrats assoziativ (ich komme an späterer Stelle darauf zurück).
Obwohl Mengen mit *nichtassoziativen* Verknüpfungen untersucht werden, kommen wir nicht in die Verlegenheit, uns den Kopf über derart exotische Gebilde zu zerbrechen.

– *kommutativ*, wenn a ✳ b = b ✳ a für alle a, b ∈ A gilt, wenn also die zu verknüpfenden Elemente vertauschbar sind. Die gewöhnliche Addition ist kommutativ (sowie auch die Multiplikation), und das erscheint uns fast selbstverständlich. Kommutative Verknüpfungen sind ja auch besonders einfach. Andererseits kommen jedoch *nichtkommutative* Verknüpfungen in der Praxis häufiger vor, als wir auf Anhieb vermuten würden. Wir erhielten zweifellos ein anderes Ergebnis als das gewohnte, wenn wir beispielsweise die Reihenfolge beim Anziehen von Socken und Schuhen vertauschten – zuerst die Schuhe, dann die Socken. Somit ist die Operation des Anziehens von Kleidern im Allgemeinen nicht kommutativ. Bezeichnen wir diese Operation mit ⊕ und die Kleider mit a, b, …, dann kann a ⊕ b von b ⊕ a verschieden sein (a ⊕ b ≠ b ⊕ a).

In einer Menge können auch mehrere Verknüpfungen erklärt werden. Zum Beispiel sind Addition und Multiplikation zwei verschiedene Verknüpfungen in der Menge der (natürlichen, rationalen und reellen) Zahlen. Dann erhebt sich die Frage, ob sich diese Verknüpfungen nicht irgendwie in die Quere kommen – ob sie also *verträglich* sind. Das ist im angeführten Beispiel tatsächlich der Fall, und diese Eigenschaft wird durch das so genannte *distributive Gesetz* gewährleistet, das uns allen als spezielle Rechenregel wohlvertraut ist:

$$(a + b) \times c = a \times c + b \times c \quad \text{oder kurz} \quad (a + b)c = ac + bc.$$

Wir werden später anspruchsvollere strukturierte Mengen und Räume kennen lernen, in denen mehrere (miteinander verträgliche) Verknüpfungen vorkommen.

Gemeinsame Eigenschaften
erzeugen Äquivalenzklassen

Was hat ein Parlament mit einem Zoo gemein? Worin gleichen sich eine Bücherei und ein zerlegtes Schwein?

Während eine intuitive Antwort auf die erste Frage ziemlich nahe liegend ist (Parlament und Zoo sind so etwas wie «Repräsentantensysteme»), mutet die zweite Frage skurril an. Dieses Kapitel soll das Fundament für derartige Beziehungen bereitstellen.

Im vorangegangenen Kapitel sind die Begriffe *Relation* und speziell *Äquivalenzrelation* bereits definiert worden. Hier noch einmal:

Eine *Relation* R in der Menge X ist eine Teilmenge des kartesischen Produkts X × X. Die kleinste Relation ist offenbar die leere Menge Ø, denn diese ist erstens Teilmenge jeder Menge, und zweitens enthält keine andere Menge weniger Elemente als gar keines. Und die größte Relation in X ist das kartesische Produkt X × X.

Eine *Äquivalenzrelation* in der Menge X ist eine Relation, die reflexiv, symmetrisch und transitiv ist (siehe Seite 31). Auch konkrete Beispiele haben wir dort kennen gelernt. Nun fahren wir mit ein paar weiteren Bezeichnungen fort.

Zwischen Äquivalenzrelationen in einer Menge X und gewissen Systemen (Zerlegungen genannt) von Teilmengen von X besteht ein enger Zusammenhang.

Unter einer *Zerlegung* (*Klasseneinteilung* oder auch *Faserung*) von X versteht man ein System von nichtleeren, paarweise disjunkten Teilmengen von X, deren Vereinigung X ist. Stellen wir uns eine Menge X vor, die aus Kreisen, Quadraten und Dreiecken besteht, und betrachten die Teilmengen von X, die aus Elementen mit der gleichen Eigenschaft «Figurenart» (nämlich Kreis, Quadrat oder Dreieck zu sein) bestehen. Im Geist haben wir dadurch eine Zerlegung der Menge X vorgenommen.

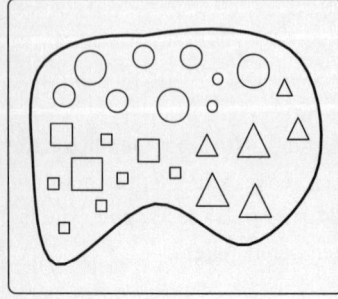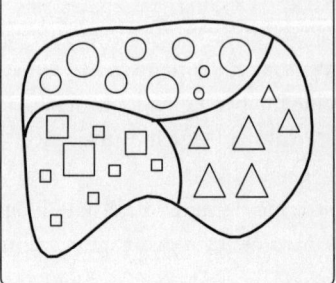

In diesem Sinn vollzieht auch ein Metzger, wenn er ein geschlachtetes Schwein fachgerecht zerteilt, eine Zerlegung.

Wir können aber auch eine Zerlegung nach einer anderen Eigenschaft vornehmen, zum Beispiel eine Einteilung nach verschiedenen Größen der Elemente oder gar nach beiden Kriterien, also sowohl nach Art als auch nach Größe der Elemente. Diese beiden Zerlegungen sind nachfolgend grafisch dargestellt. Wir sehen: Jede Zerlegung (Klasseneinteilung) einer Menge X induziert eine Äquivalenzrelation R in X.

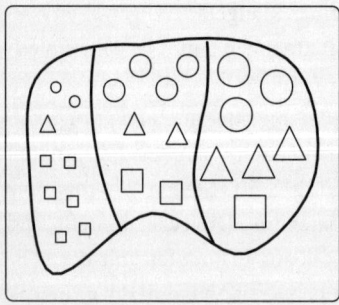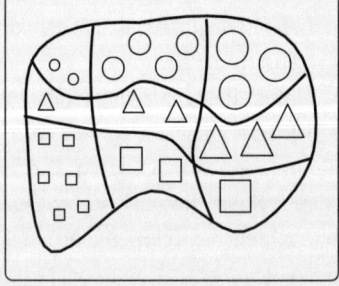

Ist R eine Äquivalenzrelation in X und x ein Element von X, so wird die Menge aller Elemente y von X, für die x R y gilt, in Zeichen

R(x) = {y | y ∈ X, y R x},

die *Äquivalenzklasse* (*Restklasse* oder *Faser*) von x nach R (*modulo* R, kurz *mod* R) genannt; x heißt *erzeugendes Element* der Faser R(x).

Beispiele

(B1) Die Identitätsrelation (die Gleichheit) Δ ist die feinste Äquivalenzrelation auf einer Menge X. Der Graph der Identität,

Δ = {(x, x) | x ∈ X},

heißt die *Diagonale* des kartesischen Produkts X × X.

(B2) In der Menge der ganzen Zahlen **Z** definieren wir eine Relation σ («sigma») durch: x σ y sei gleichbedeutend mit 7 | x − y (| bedeutet «teilt ohne Rest», zum Beispiel 7 | 35) für alle x, y ∈ **Z**. Man kann zeigen, dass σ reflexiv, symmetrisch und transitiv ist (probieren Sie es), das heißt eine Äquivalenzrelation auf **Z**. (Die Faser über x ∈ **Z** enthält alle ganzen Zahlen, die zu x modulo 7 *kongruent* sind, das heißt, die bei der Division durch 7 den gleichen Rest ergeben. (Ich komme an späterer Stelle noch ausführlich darauf zurück.)

(B3) Wir definieren eine Relation μ («my») auf der Menge aller Punkte eines Zylinders K durch die Forderung: x μ y sei gleichbedeutend mit «x liegt auf derselben Mantellinie wie y für alle x, y ∈ K». μ ist eine Äquivalenzrelation auf K und μ(x) die Menge aller Punkte, die auf derselben Mantellinie wie y liegen.

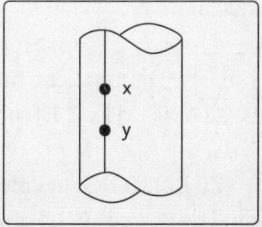

Für eine Äquivalenzrelation R auf einer Menge X gelten die folgenden Aussagen:

– Jedes Element von X liegt in mindestens einer Faser, das heißt, alle Fasern überdecken die Menge X.
– Zwei Fasern sind dann und nur dann gleich, wenn ihre erzeugenden Elemente äquivalent (R-äquivalent) sind.
– Zwei Fasern sind entweder gleich oder disjunkt. Jedes Element von X liegt also in höchstens einer Faser.

Aus diesen Eigenschaften ergibt sich, dass die Menge aller Fasern einer Äquivalenzrelation über X eine Zerlegung (Klasseneinteilung, Faserung) von X ist. Man nennt sie auch die *Quotientenmenge* von X nach R (auch X *modulo* R, X *mod* R) und bezeichnet sie mit X / R.

Wählt man aus jeder Faser von X genau ein Element aus, so nennt man die Menge dieser Elemente ein *Repräsentantensystem* der Quotientenmenge X / R von X. Ein Parlament und auch ein Zoo gelten als Repräsentantensysteme geeigneter Mengen.

Mit einer Äquivalenzrelation R auf X ist in kanonischer (nahe liegender, natürlicher) Weise die Abbildung verbunden, die jedes Element von X auf seine Faser abbildet (mehr über derartige Abbildungen im nächsten Kapitel).

Wir geben nun die Quotientenmengen zu den Beispielen (B1) bis (B3) auf Seite 43 an (sowie die entsprechenden Repräsentantensysteme):

(Zu B1): Die Quotientenmenge der Identitätsrelation (Gleichheit) Δ ist $X / \Delta = \{\{x\} \mid x \in X\}$; und X das einzige Repräsentantensystem von X / Δ.

(Zu B2): Die Quotientenmenge $\mathbf{Z}$ / σ ist die Menge der Restklassen modulo 7; und $\{0, 1, …, 6\}$ ein Repräsentantensystem von $\mathbf{Z}$ / σ.

(Zu B3): Die Quotientenmenge K/μ ist die Menge aller Mantellinien eines Zylinders. Schneidet man den Zylinder mit einer Ebene, die zu den Mantellinien nicht parallel ist, so ist das Schnittgebilde ein Repräsentantensystem von K/μ.

Die Zerlegung (Klasseneinteilung, Faserung) einer Menge lässt sich auf verschiedene Weise deuten: Zunächst wird durch eine Faserung «Ordnung» (im alltäglichen Sinne) in eine Menge gebracht – die Menge wird «übersichtlicher». Man denke beispielsweise an eine Bücherei, in der jeweils die Bücher, die das gleiche Gebiet behandeln, zusammen aufgestellt werden.

Oft liegt dem Übergang von der gegebenen Menge zur Quotientenmenge ein Abstraktionsprozess zugrunde. In der anschaulichen Vektorrechnung zum Beispiel geht man aus von der Menge aller gerichteten Strecken (Pfeile) und nennt zwei Elemente dieser Menge äquivalent, wenn sie gleiche Länge und gleiche Richtung haben. Man abstrahiert also weitgehend von der Lage im Raum. Die Quotientenmenge nach dieser Äquivalenzrelation ist gerade die Menge aller Vektoren und ein Vektor (Pfeil) also die Faser aller gleich langen und gleich gerichteten Strecken.

Geometrisch (topologisch) kann man – wie wir später an geeigneter Stelle ausführlicher sehen werden – den Übergang zur Quotientenmenge als eine «Verklebung» (oder sogar «Identifizierung») äquivalenter Elemente ansehen.

Wenn Abstraktes präzise ist und Anschauliches vage – Diskrepanzen

Je einfacher die Begriffe, desto mehr muss man sich konzentrieren, um sie richtig zu erfassen. Alles triviale und gleichermaßen skurrile Ideen, und dazu eine manchmal seltsame Sprache, eine Vermischung aus künstlichen und konkreten Ausdrücken: Soll das ein Fundament für ein beliebig erweiterbares Ideengebäude sein?

Wenn wir von Mengen, Relationen, Fasern, Abbildungen oder Verknüpfungen lesen, ist das zwar etwas sehr Präzises, aber nichts Konkretes. Alles fußt auf dem Begriff der Menge, und das kann (fast) alles sein. Mathematik als Sprache über alle denkbaren Beziehungen zwischen Dingen, die logischen (aber nicht zwingend wirklichen) Bestand haben? Diese Diskrepanz zwischen einfachen, präzisen Begriffen und einer weitgehend künstlichen Sprache kann gelegentlich schon Unbehagen verursachen.

Im täglichen Leben haben wir es vorwiegend mit einer anderen Diskrepanz zu tun, nämlich zwischen der Vagheit eines Begriffes und seiner dennoch guten Anschaulichkeit. Ich kenne zum Beispiel keinen Wissenschaftler, der je den Begriff «Intelligenz» präzise, widerspruchsfrei und vollständig definiert hätte. Und dennoch scheint ihn offenbar jeder zu verstehen. Ob diese Diskrepanz nicht eher Unbehagen verursachen sollte als jene zwischen Präzision von mathematischen Begriffen und ihrer Abstraktheit? Jedenfalls sind die meisten mathematischen Begriffe weittragend und sogar universell, auch wenn wir sie zuerst umständlich und gewöhnungsbedürftig finden.

Die Untersuchungsinstrumente
sind die Abbildungen

Relationen, Faserungen, Verknüpfungen, Abbildungen: alles fiktive Zuordnungen, gedankliche Assoziationen zwischen beliebigen Mengen und ihren Elementen. Neben den Faserungen – den Zerlegungen oder Klasseneinteilungen, durch die eine gewisse Übersichtlichkeit in Mengen gebracht wird – stellen die Abbildungen eines der wichtigsten Hilfsmittel der Mathematik dar. Jede Verknüpfung wird durch eine Abbildung definiert, und mit jeder Äquivalenzrelation R auf X ist die Abbildung, die jedes Element von X auf seine Faser abbildet – die also jedem Element von X in eindeutiger Weise seine Klasse zuordnet –, in natürlicher Weise verbunden.

Warum aber sind die Abbildungen ein so wichtiges Instrument? Stellen Sie sich vor, wir wüssten über eine Menge X schon sehr gut Bescheid – über ihre und die Eigenschaften ihrer Elemente. Nun kommt uns eine Menge Y über den Weg gelaufen, über die wir noch nicht viel wissen, die aber mit der Menge X einige Ähnlichkeiten und sogar Gemeinsamkeiten, aber zu X auch einige Unterschiede zu haben scheint. Wie sollen wir den Eigenschaften der noch weitgehend unbekannten Menge Y auf die Schliche kommen? Richtig: mit Hilfe geeigneter Abbildungen. Wir könnten die Untersuchung zum Beispiel damit beginnen, dass wir eine möglichst einfache Abbildung $f: X \rightarrow Y$ wählen, vielleicht sogar eine elementweise Eins-zu-eins-Zuordnung, und dann nachprüfen, ob eine Eigenschaft E, die für die Elemente a, b, c, … aus X gilt, für die Bildelemente $f(a), f(b), f(c), …$ aus Y vielleicht auch gilt. Wenn ja, würde dank der Abbildung f schließlich nachgewiesen, dass die Eigenschaft E auch in der Menge Y gilt. (Doch das war jetzt schon ein Vorgriff auf das nächste Kapitel.)

Es ist wichtig zu beachten, dass nicht jede denkbare Zuordnung zwischen den Elementen zweier Mengen schon eine Abbildung ist. Für eine Abbildung f: X → Y muss stets gelten, dass *jedem* x ∈ X *genau ein* y = f(x) ∈ Y zugeordnet wird. Auf folgender Skizze ist die Zuordnung links keine Abbildung, wohl aber die Zuordnung rechts.

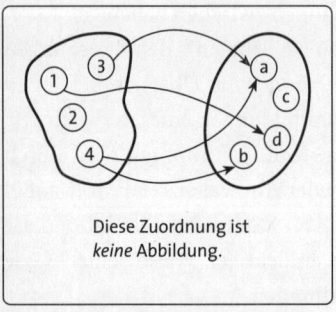

Diese Zuordnung ist *keine* Abbildung.

Dies ist eine Abbildung (die aber weder surjektiv noch injektiv ist).

Die dargestellte Abbildung ist aber weder surjektiv noch injektiv, denn weder treten alle Elemente der zweiten Menge als Bilder auf, noch haben je zwei verschiedene Elemente der Ausgangsmenge auch verschiedene Bilder (siehe auch Seite 35, wo zwei Abbildungen dargestellt sind, von denen eine injektiv, aber nicht surjektiv ist und die andere surjektiv, aber nicht injektiv).

Nachfolgend eine Abbildung, die bijektiv (das heißt surjektiv *und* injektiv) ist – eine ganz einfache Eins-zu-eins-Zuordnung, bei der eine so genannte *eineindeutige Korrespondenz* zwischen der Ausgangsmenge (dem Definitionsbereich) und der Bildmenge besteht.

Es ist leicht einzusehen, dass Abbildungen zwischen endlichen Mengen nur dann bijektiv sein können, wenn die Mengen gleich viele Elemente enthalten. Eine bijektive Abbildung einer Menge auf sich selbst wird eine *Permutation* genannt.

Auch bei unendlichen Mengen spielt die Bijektivität eine wesent-

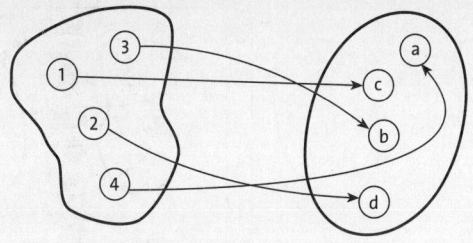

Diese Abbildung ist bijektiv

liche Rolle, wie ich bald anhand «Cantors unendlichen Geschichten» zeigen werde. Doch zuvor stellen wir uns die Frage, unter welchen Bedingungen sich Abbildungen «umkehren» lassen.

Umkehrzuordnungen und inverse Abbildungen

Die Definition einer Abbildung f: X → Y dürfte nun klar sein. Aber Mathematiker sind Leute, die gerne mal alles auf den Kopf stellen. Das gilt nicht nur für die manchmal knifflige Umkehrung von Aussagen.

Wie wäre es mit der Betrachtung der umgekehrten Zuordnung, bei der die Zuordnungspfeile also in die andere Richtung zeigen? Ist diese Zuordnung auch eine Abbildung, nämlich von Y in X?

Im Allgemeinen ist die Umkehrzuordnung keine Abbildung, da die Eindeutigkeit in der umgekehrten Richtung nicht gegeben ist: Werden verschiedene Urbilder des Definitionsbereichs vermöge f auf dasselbe Bildelement abgebildet, dann würde diesem Bildelement dank der Umkehrvorschrift mehr als ein Element zugeordnet – wie das folgende Beispiel verdeutlicht. Die Umkehrzuordnung der Abbildung f wird dabei durch f^{-1} symbolisiert.

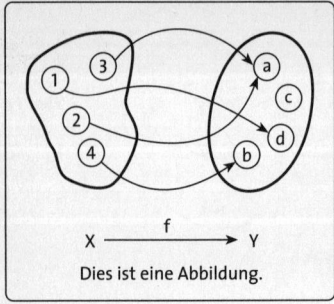

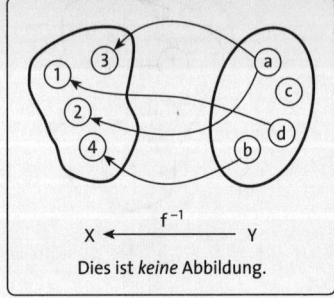

X ──── f ────▶ Y

Dies ist eine Abbildung.

X ◀──── f⁻¹ ──── Y

Dies ist *keine* Abbildung.

Ist die Abbildung f jedoch injektiv, das heißt, haben je zwei verschiedene Elemente des Definitionsbereichs verschiedene Bilder, dann folgt daraus, dass je zwei verschiedene Bilder durch die Umkehrzuordnung f^{-1} wiederum auf zwei verschiedene Elemente der ursprünglichen Menge «zurückabgebildet» werden – die Eindeutigkeit der Zuordnung f^{-1} von $f[X] \subseteq Y$ in X ist gewährleistet und die Zuordnung $f^{-1}: f[X] \to X$ damit eine Abbildung mit dem (eingeschränkten) Definitionsbereich $f[X] \subseteq Y$; symbolisch $f^{-1}|_{f[X]}$.

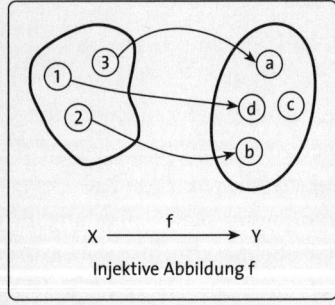

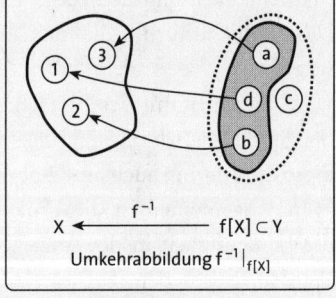

X ──── f ────▶ Y

Injektive Abbildung f

X ◀──── f⁻¹ ──── $f[X] \subset Y$

Umkehrabbildung $f^{-1}|_{f[X]}$

Für den Fall, dass $f[X] = Y$ gilt, ist die Abbildung f zudem noch surjektiv, was bedeutet, dass $f: X \to Y$ schließlich bijektiv (umkehrbar eindeutig) ist. Die Umkehr*zuordnung* $f^{-1}: Y \to X$ wird dann zu einer Umkehr*abbildung* – auch die zu f *inverse Abbildung* genannt.

Beispiel

Es sei f: $\mathbf{Q} \to \mathbf{Q}$ ($\mathbf{Q}$ ist das Symbol für die Menge der rationalen Zahlen oder Brüche) mit $f(x) = y = 2x + 1$. Lösen wir diese Gleichung nach x auf, so erhalten wir: $x = (y - 1) / 2$. Folglich ist

$$f^{-1}: \mathbf{Q} \to \mathbf{Q} \text{ mit } f^{-1}(y) = \frac{y-1}{2} \text{ beziehungsweise } f^{-1}(x) = \frac{x-1}{2}$$

die zu f inverse Abbildung. Selbstverständlich ist auch wiederum f die zu f^{-1} inverse Abbildung, und es gilt $(f^{-1})^{-1} = f$.

Ein nichttriviales Beispiel zweier reeller Funktionen, von denen jede die Umkehrfunktion der anderen ist, sind die Logarithmusfunktion und die Exponentialfunktion (wobei $\mathbf{R}^+$ für streng positive reelle x steht):

log: $\mathbf{R}^+ \to \mathbf{R}$ mit $x \to \log x$
exp: $\mathbf{R} \to \mathbf{R}^+$ mit $x \to \exp x$ oder e^x

Die Graphen dieser Funktionen in der kartesischen Ebene sind bezüglich der Diagonalen $\Delta = \{(x, x) \mid x \in \mathbf{R}\}$ symmetrisch.

Es ist höchst erstaunlich, was ein unkonventioneller mathematischer Geist wie Georg Cantor mit Hilfe bijektiver Abbildungen in der zweiten Hälfte des 19. Jahrhunderts angerichtet hat. Er überrann nämlich den bis dahin traditionellen Begriff des Unendlichen und führte schrittweise unendlich viele Stufen des Unendlichen ein. Aber selbst die kritischen Mathematiker, die sich mit diesen Fiktionen bis heute nicht anfreunden können oder wollen, erkennen mehrheitlich Cantors Verdienste an, durch die Mengenlehre (vornehmlich der unendlichen Mengen) den Grundstein für eine einheitliche Sprache und die heute gültige Architektur des Mathematikgebäudes gelegt zu haben.

Exkursion: Die Bijektivität und Cantors unendliche Geschichten

Die Wissenschaftler des 17. Jahrhunderts, allen voran Johannes Kepler und Blaise Pascal, behandelten das unendlich Kleine wie auch das unendlich Große in geheimnisvoller und sogar mystischer Weise. Die moderne Betrachtungsweise des beliebig Kleinen, des *Infinitesimalen*, nahm ihren Ursprung im 17. Jahrhundert und erwuchs aus dem Bedürfnis, Naturereignisse befriedigend zu erklären.

Mit den Generationen nach Pascal gelangte die infinitesimale Betrachtung und Schlussweise zu ihrer vollen Blüte: Isaac Newton und Gottfried Wilhelm Leibniz entdeckten um 1660 und 1670 unabhängig voneinander die grundlegenden Sätze der Differential- und Integralrechnung, der Analyse des Infinitesimalen.

Newton versuchte, infinitesimale Größen als Entität einfach zu vermeiden – er benutzte sie nur als Inbegriff eines dynamischen Denkprozesses. Und Leibniz behauptete zwar nicht, dass infinitesimale Größen tatsächlich existierten, doch könne man, meinte er, so argumentieren, als ob sie existierten, ohne in einen Irrtum zu verfallen.

Auch Carl Friedrich Gauß änderte später nichts an dieser Interpretation, die sich im Prinzip bis heute bewährt hat. Danach ist das Unendliche in der Mathematik nur als das «Potential-Unendliche» zulässig, als die *Möglichkeit*, immer weiter zu zählen, nicht aber als eine *vollendete* Größe – nicht als ein «Aktual-Unendliches». Hat man es zum Beispiel mit einer unendlichen Folge $(f_1, f_2, f_3, \dots)$ oder kurz (f_n) zu tun, bei der der natürliche Index n die Werte 1, 2, 3, … annimmt und beliebig groß werden kann, wird auch der Ausdruck «n strebt gegen unendlich» verwendet, formelmäßig $n \rightarrow \infty$ geschrieben, wobei ∞ das herkömmliche Standardsymbol für «unendlich» ist.

In der zweiten Hälfte des 19. Jahrhunderts fing nun Georg Cantor an, das Unendliche als eigenständigen Begriff einzuführen. Dies tat er, indem er verschiedene unendliche Mengen zu vergleichen begann – zum Beispiel die Menge **N** der natürlichen Zahlen mit der Menge **Q** der rationalen Zahlen oder Brüche.

Den Vergleich vollzog er mit Hilfe einer umkehrbar eindeutigen, also bijektiven Zuordnung, durch die die Elemente der Menge **Q** durchnummeriert werden. Gelingt dies, dann sagt man, **Q** sei *abzählbar (unendlich)* beziehungsweise sie habe die gleiche *Mächtigkeit* oder *Kardinalzahl* wie die Menge **N** der natürlichen Zahlen. Diese kleinste unendliche *(transfinite)* Kardinalzahl wird durch $\aleph_0$ symbolisiert («Aleph-Null»; Aleph ist der erste Buchstabe des hebräischen Alphabets). Man schreibt auch: card **N** = $\aleph_0$.

Cantor gelang es nun tatsächlich, die Brüche in einem Schema so anzuordnen, dass alle durchnummeriert werden können (siehe in *Abenteuer Mathematik*, das Kapitel «Cantors Beweis, dass die Brüche abzählbar sind»). Kurz formuliert lautet der Satz: card **Q** = card **N** = $\aleph_0$.

Wie sieht es nun mit der viel umfangreicheren Menge der reellen Zahlen **R** aus, der rationalen und irrationalen zusammengenommen? Können die auch vollständig durchnummeriert werden?

Nein, war Cantors Antwort, und er ersann das «Diagonalverfahren», ein spitzfindiger Beweis dafür, dass **R** *überabzählbar unendlich* ist – dass es also keine bijektive Abbildung zwischen reellen und natürlichen Zahlen geben kann. Die Beweisidee: Zu jeder angenommenen Liste *aller* reellen Zahlen kann eine neue reelle Zahl konstruiert werden, die *nicht* in dieser Liste enthalten ist: Widerspruch! Somit ist die Mächtigkeit von **R** größer als die von **N** (siehe *Abenteuer Mathematik*, «Cantors Beweis, dass die reellen Zahlen nicht abzählbar sind – Diagonalverfahren»). Formelmäßig lautet der Satz: card **R** $>$ $\aleph_0$.

Jeder der beiden bisher erwähnten Sätze Cantors spielt dem gesunden Menschenverstand einen Streich:

1. Der erste Satz lautet card **N** = card **Q** = $\aleph_0$. Dennoch ist die Menge der Brüche **Q** offensichtlich «umfangreicher» als die Menge der natürlichen Zahlen **N**, denn einerseits kann jede natürliche Zahl als Bruch dargestellt werden (**N** ist eine echte Teilmenge von **Q**), andererseits gibt es (unendlich viele) Brüche, die nicht zu **N** gehören, zum Beispiel $\frac{1}{2}$. Insofern haben die zwei Redeweisen «zwei Mengen haben gleich viele Elemente» und «zwei Mengen haben die gleiche Mächtigkeit oder Kardinalzahl» im

Unendlichen einen anderen Sinn als im Endlichen (zwei *endliche* Mengen haben dann und nur dann die gleiche Mächtigkeit oder Kardinalzahl, wenn sie gleich viele Elemente aufweisen). Durch die Gleichsetzung dieser Redeweisen sind im Unendlichen daher zwangsläufig Widersprüche zu erwarten; unter den zahlreichen «Paradoxien des Unendlichen» zählt *Hilberts Hotel* zu den bekanntesten.

2. Aber auch der zweite Satz (card $R > \aleph_0$) stellt den gesunden Menschenverstand vor ein Rätsel. Was soll ein Resultat für einen Sinn haben, das «mehr als unendlich viele» reelle Zahlen ausweist? Manche Mathematiker mögen sagen, das sei keine Mathematik mehr, sondern pure Theologie. Es kommt aber noch schlimmer.

Betrachten wir einmal die Potenzmenge $P(X)$ einer vorliegenden Menge X, dies ist die Menge aller Teilmengen von X. Für eine *endliche* Menge mit n Elementen (card $X = n \in N$) beträgt ihre Potenzmenge $P(X)$ genau 2^n Elemente (card $P(X) = 2^n$), und es gilt stets $2^n > n$; dies kann durch das Beweisverfahren der «vollständigen Induktion» leicht gezeigt werden.

Die Frage, die sich Cantor gestellt hatte, war nun folgende: Gilt das auch für unendliche Mengen? Das heißt: Ist die Potenzmenge $P(X)$ einer unendlichen Menge X von höherer Mächtigkeit (oder Kardinalzahl) als die Menge X selbst? Immerhin wächst die Mächtigkeit 2^n der Potenzmenge $P(X)$ im Endlichen mit n sehr stark an; kann man aber n in der Ungleichung $2^n > n$ durch $\aleph_0$ ersetzen, sodass $2^{\aleph_0} > \aleph_0$ gilt? Angesichts all der Überraschungen, zu denen die Untersuchung des Unendlichen immer wieder führt, ist es ganz und gar nicht selbstverständlich, dass sich ein Ergebnis für endliche Mengen auf unendliche verallgemeinern lässt. Doch es gelang dem besessenen Cantor, dieses Ergebnis auf sein Reich der unendlichen Mengen auszudehnen – zweifellos ein Höhepunkt in der Mathematikgeschichte. Die Potenzmenge der Menge natürlicher Zahlen hat also eine höhere Mächtigkeit als $\aleph_0$; es gilt $2^{\aleph_0} > \aleph_0$, und die größere Kardinalzahl wird mit $\aleph_1$ («Aleph-Eins») bezeichnet.

Dieses Resultat kommt einem Dammbruch gleich: Da aus einer ersten unendlichen Potenzmenge wiederum ihre Potenzmenge gebildet werden kann und immer so weiter, gelangt man unaufhörlich zu immer größeren transfiniten Kardinalzahlen: $\aleph_0 < \aleph_1 < \aleph_2 < \aleph_3 < \ldots$ Formal betrachtet, gibt es also unendlich viele verschiedene Stufen des Unendlichen – unvorstellbar.

Heute dürfte kaum jemand mehr ernsthaft glauben, dies sei auch *wahr* (im Sinne eines faktischen Vorkommens). Das ist eben die formale Seite der mathematischen Erkenntnisse: Sie sind *ableitbar* und daher *(logisch) richtig*, aber sie brauchen nicht *faktisch wahr* zu sein. Rein fiktive Begriffe und Aussagen darüber, die lediglich in das Korsett der gewöhnlichen, vertrauten Logik eingepasst werden, sind Phantasien am logischen Gängelband, die dennoch intellektuell sehr reizvoll sein können.

Die absurde Vorstellung des «Aktual-Unendlichen», es werde gleichsam der Vorhang einer Bühne weggezogen, auf der sich die unendlich vielen Elemente einer unendlichen Menge tummeln, ist keine Widerlegung der Cantor'schen Gedankengänge. Kritiker sollten sich daran erinnern, was Leopold Kronecker, ein entschiedener Widersacher Cantors, zu einem anderen Mathematiker – Ferdinand Lindemann – gesagt hat: «Wozu dient Ihre hübsche Untersuchung von π? Wozu befassen Sie sich mit solchen Problemen, da es doch keine irrationalen Zahlen gibt?» (Das war im Jahr 1882, demselben Jahr, in dem Lindemann die Transzendenz der Kreiszahl Pi bewies.)

Wer damit einverstanden ist, dass bijektive Abbildungen auch zwischen unendlichen Mengen betrachtet werden (und es gibt vordergründig kein logisches Argument, dies nicht zuzulassen), der bekommt die Tür nicht mehr zu – der muss auch die weiteren Schlussfolgerungen Cantors zwangsläufig anerkennen. Denn die Odyssee mit den unendlich vielen verschiedenen Stufen des Unendlichen begann ja mit der Konstruktion einer einfachen bijektiven Abbildung zwischen den natürlichen und rationalen Zahlen. Damit bereitete Cantor den Boden für die enorme Fruchtbarkeit der abstrakten Grundkonzepte, aus denen eine mächtige Sprache für einen einheitlichen Aufbau der Mathematik erwuchs.

Verkettungen und Diagramme

Mathematiker sind Leute, die nicht nur gerne mal alles auf den Kopf stellen oder knifflige Eins-zu-eins-Zuordnungen betrachten. Viele von ihnen spielen auch liebend gern mit Ketten, Knoten und derlei Zeugs und binden mit Leidenschaft Eisenbahnwaggons aneinander – wenn nicht echte, dann eben symbolische. Und um den Überblick nicht zu verlieren, halten sie das Wesentliche kurzerhand in Diagrammen fest. Damit wäre das Programm für diesen Abschnitt bereits abgesteckt:

Was kommt dabei heraus, wenn man mehrere Abbildungen verkettet, das heißt hintereinander ausführt? Wieder eine Abbildung? Eindeutig ja. Ist diese resultierende Abbildung nicht das Ergebnis einer *Verknüpfung* zwischen den hintereinander ausgeführten Abbildungen? Wiederum ja. Nachfolgend eine skizzenhafte Darstellung.

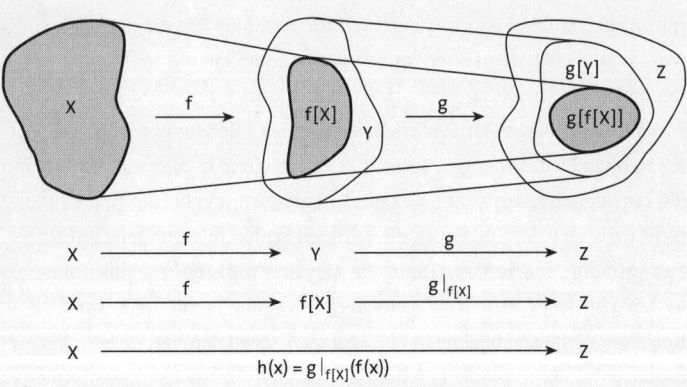

Nehmen wir ohne Beschränkung der Allgemeinheit an, der Definitionsbereich von g, der zweiten Abbildung, sei das Bild der ersten Abbildung, f[X]. Dann können wir die Abbildung h von X in Z ganz einfach $h(x) = g(f(x))$ schreiben.

Die Hintereinanderausführung (*Verkettung* oder auch *Komposition*) der Abbildungen f und g ist eine Abbildung h und wird symbolisch mit $h = g \circ f$ bezeichnet (zuerst f, dann g) und eben durch $g \circ f\colon X \to Z$ mit $(g \circ f)(x) = g(f(x))$ für alle $x \in X$ definiert. Da die Komposition von Abbildungen eine assoziative Operation ist (wie wir gleich sehen werden), lässt sich diese Betrachtung nach dem gleichen Muster auf längere Verkettungen von Abbildungen $f_1, f_2, f_3, \ldots$ ausdehnen:

$$f(x) = (f_3 \circ f_2 \circ f_1)(x) = f_3(f_2(f_1(x))).$$

Dazu ein einfaches konkretes Beispiel: X, Y, … seien jeweils die Menge der reellen Zahlen **R**; die reellen Funktionen seien

$$f_1(x) = x + 1,\, f_2(x) = x^2 \text{ und } f_3(x) = \frac{1}{x^4 + 3}.$$

Dann lautet die Komposition f dieser drei Funktionen:

$$f(x) = (f_3 \circ f_2 \circ f_1)(x) = f_3(f_2(f_1(x))) =$$
$$= f_3(f_2(x + 1)) = f_3((x + 1)^2) = \frac{1}{(x + 1)^8 + 3}.$$

Doch hören wir auf mit den langweiligen Berechnungen (die nur harmlose Einsetzungen sind). Viel interessanter sind die Eigenschaften der Verkettung oder Komposition als *Verknüpfung* – denn $\circ$ ist zweifellos eine Verknüpfung in der betrachteten Menge F von Abbildungen (und nichts hindert uns daran, ein Ensemble – ein zusammengehörendes Ganzes – von Abbildungen als eine *Menge* zu betrachten), also ist $\circ$ selbst eine Abbildung des kartesischen Produkts F × F in F. Besitzt nun die Komposition von Abbildungen (unter gewissen Bedingungen) bestimmte Eigenschaften, die Verknüpfungen zugeschrieben werden, wie etwa assoziativ oder kommutativ zu sein?

Ja, so ist es. Eine der wichtigsten Eigenschaften von Abbildungen wird durch den folgenden Satz gewährleistet: Für die Komposition von Abbildungen gilt das Assoziativgesetz:

$$h \circ (g \circ f) = (h \circ g) \circ f.$$

Wir können uns also die Klammern sparen und $h \circ g \circ f$ schreiben. Unter Verwendung der Definition der Komposition ist der Beweis kinderleicht. Für alle x aus dem Definitionsbereich ist

$$(h \circ (g \circ f))(x) = h((g \circ f)(x)) = h(g(f(x))) =$$

$$= (h \circ g)(f(x)) = ((h \circ g) \circ f)(x).$$

Die Bilder der beiden Abbildungen stimmen überein; die beiden Abbildungen sind also gleich, das heißt $h \circ (g \circ f) = (h \circ f) \circ f$.

Abbildungen zwischen mehreren Mengen können sehr übersichtlich durch ein *Diagramm* dargestellt werden. Als einfaches Beispiel betrachten wir das folgende Diagramm:

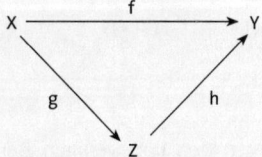

Um X in Y abzubilden, kann sowohl die Abbildung f angewendet werden als auch die Komposition $h \circ g$. Allerdings wird man auf diese Weise im Allgemeinen zwei unterschiedliche Abbildungen von X in Y erhalten. Sind nun aber diese beiden Abbildungen gleich, wodurch dann $f = h \circ g$ gilt, so wird das Diagramm *kommutativ* genannt.

Ganz allgemein heißt ein Diagramm *kommutativ*, wenn man auf verschiedenen Wegen entlang der Abbildungspfeile stets die gleiche Abbildung erhält. So ist das Diagramm

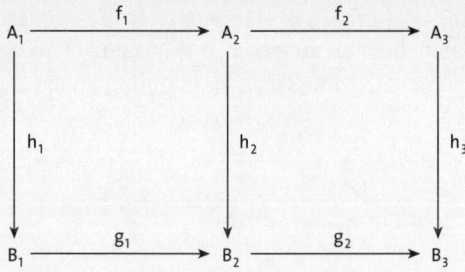

kommutativ, wenn $h_2 \circ f_1 = g_1 \circ h_1$ und $h_3 \circ f_2 = g_2 \circ h_2$ gilt.

Beispiele und Anwendungen

1) Die identische Abbildung

    X sei eine Menge. Dann gibt es genau eine *identische Abbildung* $id_X : X \to X$, definiert durch $id_X(x) = x$ für alle x aus X. Die identische Abbildung ist bijektiv.

2) Die Inklusionsabbildung oder Einbettung

    Es sei M eine Teilmenge von X. Die Abbildung $i_M : M \to X$, definiert durch $i_M(x) = x$ für alle x aus M versteht sich als *Inklusionsabbildung* oder *Einbettung* von M in X. Als Einschränkung der (bijektiven) identischen Abbildung auf die Teilmenge M von X ist die Einbettung injektiv. Beispiele:

    a) Es sei f: X → Y, M ⊆ X. Das Diagramm

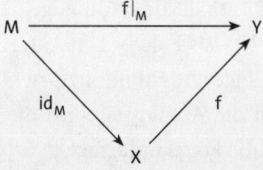

    ist kommutativ, das heißt, es gilt $f|_M = f \circ id_M$.

b) Will man die Abbildungen f: X → M und g: Y → Z mit M ⊆ Y
komponieren, so muss man die Inklusionsabbildung einfügen:

$$X \xrightarrow{f} M \xrightarrow{i_M} Y \xrightarrow{g} Z$$

$$g \circ i_M \circ f$$

3) Die Projektionen

Mit dem kartesischen Produkt $M_1 \times M_2$ sind in natürlicher Weise
die Abbildungen p_i: $M_1 \times M_2 \to M_i$ (i = 1, 2), definiert durch
$p_i((x_1, x_2)) = x_i$ für alle $(x_1, x_2) \in M_1 \times M_2$, verbunden; p_1 heißt
erste, p_2 zweite *Projektion* von $M_1 \times M_2$. Projektionen sind surjektiv, wenn keine der Mengen M_i leer ist.

4) Die konstante Abbildung

Die Abbildung k: X → Y, definiert durch k(x) = c ∈ Y (c fest)
für alle x ∈ X, nennt man die *konstante Abbildung* von X in Y mit
dem Bild c. (Man unterscheide zwischen dem Element c und der
konstanten Abbildung mit dem Bild c.)

5) Folgen als Abbildungen

X sei eine beliebige Menge, **N** die Menge der natürlichen Zahlen.
Unter einer *Folge*, definiert auf der Menge X, versteht man eine
Abbildung f: **N** → X. Für das Bild f(n) schreibt man gewöhnlich
f_n, und die Folge selbst wird $(f_n)_{n \in \mathbf{N}}$ abgekürzt. Es sollte stets
zwischen einer Folge und ihrer Bildmenge unterschieden wer-
den. Zum Beispiel enthält die Bildmenge der Folge $(f_n)_{n \in \mathbf{N}}$ mit
$f_n = 1$ für alle n ∈ **N** – als Folge: (1, 1, 1, 1, …) – nur ein Element:
f[**N**] = {1}. Eine Folge enthält implizit stets den Begriff der Ordnung, denn durch die Abbildung wird die Ordnung der natürlichen Zahlen auf die Folge induziert.

6) Das Wesen von Gleichungen

Unter einer Gleichung versteht man Folgendes: Vorgelegt seien eine Abbildung f: X → Y und ein Element y_0 aus Y. Man fragt dann nach allen Elementen aus X, die unter der Abbildung f auf y_0 abgebildet werden, das heißt nach allen $x \in X$ mit $f(x) = y_0$. Dabei wird x als *Unbekannte* bezeichnet ($x \in X$ gibt an, *wo* nach der Unbekannten gesucht werden soll!).

Jedes $x^\star$ mit $f(x^\star) = y_0$ heißt eine *Lösung* der Gleichung. Die Menge L aller Lösungen der Gleichung ist $L = f^{-1}[\{y_0\}]$. Je nachdem, ob L die leere Menge Ø ist oder nicht, wird die Gleichung unlösbar oder lösbar genannt. Für die Lösbarkeit lässt sich ein notwendiges und hinreichendes Kriterium angeben: Die Gleichung $f(x) = y_0$, $x \in X$, ist dann und nur dann lösbar, wenn $y_0 \in f[X]$ gilt. Ferner gibt es zu jedem $y_0 \in Y$ dann und nur dann (a) höchstens, (b) mindestens oder (c) genau eine Lösung, wenn die Abbildung f: X → Y (a) injektiv, (b) surjektiv oder (c) bijektiv ist.

Ein konkretes Beispiel möge dies veranschaulichen: X sei die Menge aller Menschen, Y die Menge aller Tage des Jahres, und f: X → Y bilde jeden Menschen auf seinen Geburtstag ab. Da die Abbildung f sicher surjektiv ist, besitzt die Gleichung $f(x) = t$, $x \in X$, für jedes $t \in Y$ mindestens eine Lösung; $f^{-1}[\{t\}]$ ist die Menge aller Menschen, die am Tage t Geburtstag haben.

Zugegeben: Für ein paar simple und konkrete Anwendungen wäre es nicht nötig gewesen, so ein umständliches sprachliches Regelwerk aufzustellen, das jedem «normalen» Leser, der es nicht gewohnt ist oder sich gerade nicht konzentriert, schnell entgleitet. Ein skurriles Phänomen, denn: Einerseits ist die Rede von irgendwelchen Mengen, die beliebig sind und nicht einmal konkretisiert werden, andererseits wird zur Beschreibung der Beziehungen zwischen diesen vagen Mengen eine präzise und zugleich abstrakte Sprache verwendet, die haarscharfe Aussagen über universell gültige Eigenschaften macht. Diese Sprache ist für große Teile der Mathematik charakteristisch, speziell für den Grundlagenbereich, der sich mit den Strukturen befasst.

Sicherlich trägt dieser Umstand zu dem Vorurteil bei, Mathematiker seien merkwürdige Menschen. Aber denken Sie einmal an die Sprache der Juristen oder an Gesetzesvorschriften: Obwohl anschaulicher, weil viele dieser Regeln mit unserem alltäglichen Leben zu tun haben, sind sie ebenfalls allgemein angelegt, zumindest bis zu einem gewissen Grad, und manchmal sogar so abstrakt gehalten, dass kaum ein «normaler» Mensch etwas versteht.

Doch dies soll keine Rechtfertigung für die Sprache der Mathematik sein. Wir haben es nun einmal mit der Diskrepanz zwischen natürlichen, ungenauen, organisch gewachsenen Sprachen aller Menschen und den Formalisierungen und einschränkenden Normen der Kunstsprache eines Begriffsbereiches zu tun. Sprachlich betrachtet wird die Mathematik also stets eine Mischung aus natürlicher Sprache und präzise definierten, künstlich-abstrakten Begriffen bleiben.

Der Abbildungssatz

Im vorangegangenen Kapitel haben wir Äquivalenzrelationen und Klasseneinteilungen (Faserungen) kennen gelernt – und erfahren, dass die Abbildung, die jedes Element von X auf seine Faser (Klasse) abbildet, mit einer Äquivalenzrelation R auf einer Menge X in kanonischer (nahe liegender, natürlicher) Weise verbunden ist. Umgekehrt gibt aber auch jede Abbildung f: X $\rightarrow$ Y Anlass zu einer Faserung des Definitionsbereichs X, wie folgende Aussage offen legt:

f: X $\rightarrow$ Y sei eine Abbildung. Auf X definieren wir nun eine Relation ρ_f(ρ: der griechische Buchstabe «rho») durch:

$$x_1 \rho_f x_2 \text{ ist äquivalent zu } f(x_1) = f(x_2) \text{ für } x_1, x_2 \in X.$$

ρ_f ist eine Äquivalenzrelation; sie wird *die durch f erzeugte Äquivalenzrelation* genannt. (Da die Gleichheit = eine Äquivalenzrelation ist, folgt das Gleiche für ρ_f.)

Nun kommt ein wichtiger Satz, der so genannte Abbildungssatz, der gewährleistet, dass jede Abbildung in eine natürliche und eine injektive Abbildung zerlegt werden kann. Er lautet: f: X → Y sei eine Abbildung, ρ_f die durch f erzeugte Äquivalenzrelation. Dann existiert eine injektive Abbildung i derart, dass das Diagramm

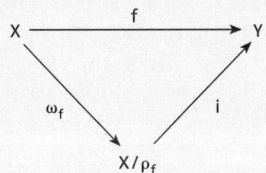

kommutativ ist (f = i ¤ ω_f). Dabei ist ω_f die natürliche Abbildung zu ρ_f. Es gilt folgender Zusatz zum Abbildungssatz: Wenn f surjektiv ist, dann ist i bijektiv.

Ein einfaches, konkretes Beispiel illustriert diese abstrakten Aussagen über nicht näher bezeichnete Mengen: Um verschiedenfarbige Kugeln nach Farben zu sortieren (Abbildung), kann man zunächst jeweils Kugeln gleicher Farbe in einen Kasten legen (Klasseneinteilung oder Faserung, natürliche Abbildung). Das kann auch ein Affe tun, der die Namen der Farben nicht weiß, sofern er nur gleiche Farben als gleich zu erkennen vermag. Danach braucht man nur noch die Kästen mit den Farben zu identifizieren (injektive Abbildung), indem man die Namen der Farben oder die entsprechenden Farbmarkierungen auf den Kästen anbringt.

Der Zusatz besagt: Wenn es zu jeder Farbe mindestens eine Kugel gibt, so wird man auch hinterher zu jeder Farbe einen nichtleeren Kasten finden. Die Abstraktheit eines einzigen mathematischen Satzes über nicht näher spezifizierte Mengen, Abbildungen usw. lässt Millionen solch konkreter Beispiele und Geschichten zu – auch noch gar nicht ausgedachte. Und sie stimmen alle!

II

Einfache Beziehungsprinzipien: Grundstrukturen

Strukturalismus ist die Suche nach unvermuteten Harmonien. Es ist die Entdeckung eines in einer Objektreihe latent vorhandenen Beziehungssystems.

E. N. und T. Hayes, «Claude Lévi-Strauss»

Ein erster Entwurf
der drei Grundstrukturen

Im ersten Teil haben wir die «Zutaten» kennen gelernt, die für den strukturellen Aufbau der Mathematik benötigt werden. Das zu strukturierende «Material» sind natürlich die Mengen. Zur Definition von *strukturierten Mengen* brauchen wir die Grundbegriffe der Mengenlehre (Teilmenge, kartesisches Produkt, Quotientenmenge, Potenzmenge usw.) sowie die Relationen und speziell auch die Abbildungen. Der Untersuchung von Strukturen dienen dann vornehmlich die «Werkzeuge»: die Abbildungen und Faserungen.

Betrachten wir irgendeine Menge M. Ihre Elemente sind zunächst völlig «gleichberechtigt», sie haben keine besonderen Eigenschaften und stehen untereinander in keinerlei Beziehung. Die Menge M ist demnach «strukturlos». Nehmen wir als Beispiel M = {①, ②, ③, ④, ⑤}, wobei die Elemente nicht notwendig Zahlen sind.

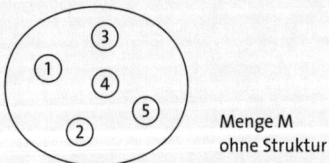

Menge M
ohne Struktur

Wir werden versuchen, der Menge M, die *Trägermenge* heißen soll, eine *Struktur* **S** aufzuprägen. Und wir schreiben dann symbolisch

(M, **S**) als geordnetes Paar für das System «die Menge M versehen mit der Struktur **S**».

Das erreichen wir, indem wir etwa eine Relation auf M definieren – zum Beispiel eine Ordnungsrelation. Die Relation setzt die Elemente von M zueinander in Beziehung. Es kann «soziale» Elemente geben, die mit vielen anderen in Beziehung stehen, andere können mehr oder weniger isoliert bleiben. Die Menge M trägt eine Struktur **S**. In ihrem Verhalten in der Struktur zeigen die Elemente von M Eigenschaften, in denen sie sich unterscheiden und die wir untersuchen können. Nehmen wir für M die Wörter der deutschen Sprache und versehen M mit der lexikographischen Ordnung $\angle$; damit ist (M, **S**) = (M, $\angle$).

An die Stelle von Relationen auf M können auch Abbildungen treten (zum Beispiel M $\rightarrow$ M, M $\times$ M $\rightarrow$ M, **P**(M) $\rightarrow$ M, wobei **P**(M) die Potenzmenge von M bezeichnet), die einen Zusammenhang zwischen den Elementen von M herstellen und der Menge M dadurch eine Struktur geben. Als Beispiel für eine strukturgebende Abbildung der Form M $\times$ M $\rightarrow$ M denken wir sofort an Verknüpfungen. Für eine Strukturierung durch die Addition +: M $\times$ M $\rightarrow$ M ist (M, **S**) = (M, +).

Als weitere Möglichkeit bietet sich uns die *Auszeichnung von Teilmengen* von M an. Die Struktur besteht dann in einem «Mengensystem über M»: **S** $\subseteq$ **P**(M). Die Teilmenge U $\subseteq$ M soll Element der Struktur **S** sein (U $\in$ **S**) genau dann, wenn U eine *ausgezeichnete* Teilmenge ist. In diesem Fall stehen die Elemente von M nicht direkt miteinander in Beziehung, sondern indirekt, zum Beispiel über die gemeinsame Zugehörigkeit zu einer Menge U $\in$ **S**. Die Topologie ist der wichtigste mathematische Bereich, für den diese Art der Strukturierung typisch ist (die ausgezeichneten Teilmengen eines topologischen Raumes werden «offen» genannt).

Am konkreten Beispiel der Menge M = {①, ②, ③, ④, ⑤} lassen sich die verschiedenen Strukturierungsarten gut verdeutlichen.

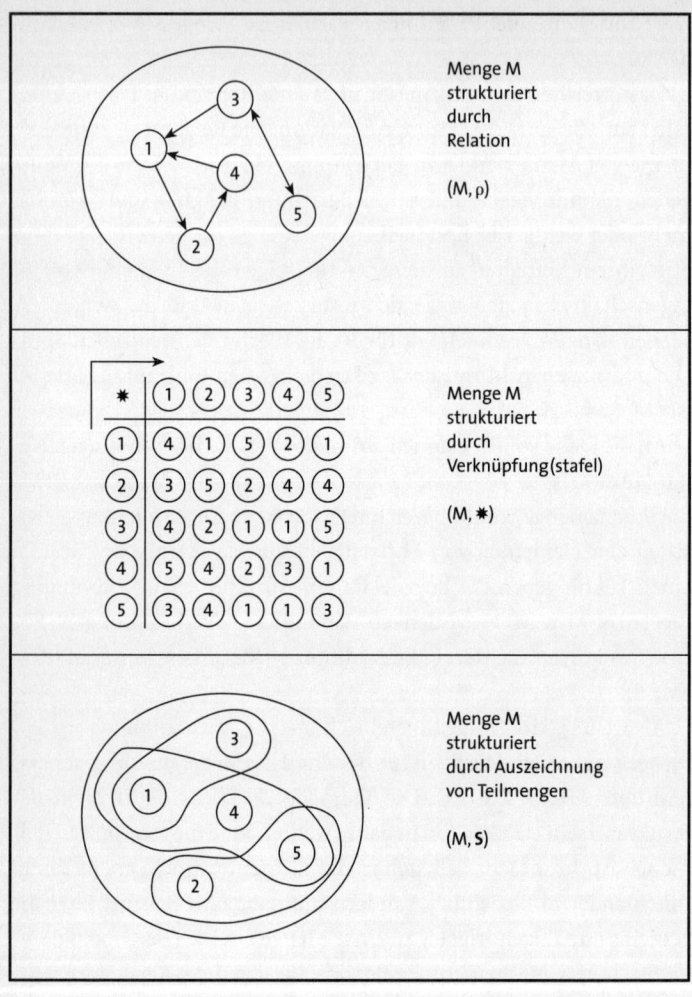

Menge M strukturiert durch Relation

(M, ρ)

Menge M strukturiert durch Verknüpfung(stafel)

$(M, \ast)$

Menge M strukturiert durch Auszeichnung von Teilmengen

$(M, \mathbf{S})$

Die Verknüpfungstafel ist leicht zu interpretieren. Dem geordneten Paar $(①, ④)$ als Element aus $M \times M$ wird vermöge der Verknüpfung $\ast : M \times M \to M$ das Element $\ast(①, ④) = ① \ast ④ = ②$ aus M zugeordnet; es befindet sich in der Tafel im Schnittpunkt der ersten Zeile und der vierten Kolonne. Dagegen ist ④ ✳ ① = ⑤, das heißt, die Verknüpfung ✳ ist nicht kommutativ.

Liegt nun eine Menge mit Struktur (M, **S**) vor, so kann man versuchen, die Struktur einfach auf Teil- oder Quotientenmengen von M zu übertragen. Ebenso kann man danach fragen, ob sich das (kartesische) Produkt zweier Mengen mit gleichartiger Struktur, etwa (A, **S**) und (B, **T**), mit Hilfe von **S** und **T** strukturieren lässt.

Gehen wir von zwei Mengen (A, **S**) und (B, **T**) mit gleichartiger Struktur aus, so bringt es im Allgemeinen nichts, beliebige Abbildungen f: A → B zu betrachten; denn wir wollen ja nicht nur die Mengen A und B miteinander in Verbindung bringen, sondern auch die beiden Strukturen **S** und **T**. Man wird sich daher auf solche Abbildungen beschränken, die *die Struktur erhalten*.

Sind zum Beispiel A und B durch Auszeichnungen von Teilmengen strukturiert, so wird man verlangen, dass $f[U] \in$ **T** für alle $U \in$ **S** gilt (dass die ausgezeichneten Teilmengen von A auf ausgezeichnete Teilmengen von B abgebildet werden) oder aber dass $f^{-1}[V] \in$ **S** für alle $V \in$ **T** gilt (dass die Urbilder ausgezeichneter Teilmengen aus B ausgezeichnete Teilmengen aus A sind).

Sind A und B etwa durch Verknüpfungen strukturiert, (A, ⊕) und (B, ⊗), dann sind Abbildungen f: A → B von besonderem Interesse, wenn für jedes beliebige Paar von Elementen x, y aus A und den entsprechenden Bildern x' = f(x), y' = f(y) aus B gilt: Das Verknüpfungsergebnis x' ⊗ y' in B ist gleich dem Bild des Verknüpfungsergebnisses x ⊕ y aus A: f(x) ⊗ f(y) = f(x ⊕ y). Mit anderen Worten: Das Bild des Produktes x ⊕ y unter der Abbildung f ist gleich dem Produkt f(x) ⊗ f(y) der Bilder. (*Produkt* bezeichnet hier ganz allgemein das Ergebnis einer beliebigen Verknüpfung zweier Elemente.)

Solche strukturtreuen (strukturbewahrenden) Abbildungen nennen Mathematiker *Morphismen*.

In der Anwendung von Morphismen auf die Untersuchung von Strukturen zeigt sich die große Bedeutung des Abbildungsbegriffes in der Mathematik. Ein Morphismus bewirkt nicht nur ein (im Allgemeinen) «verkleinertes» Bild der Trägermenge, sondern entwirft gleichzeitig ein «verkleinertes» Bild der Struktur. Daraus ergeben sich zwei Gesichtspunkte für die Untersuchung von Strukturen:

1. Die Morphismen erlauben eine Graduierung der Eigenschaften einer Struktur. Eigenschaften, die unter einem Morphismus erhalten bleiben, dürfen als wesentliche Eigenschaften der ursprünglichen Struktur angesehen werden.

2. Kennt man verschiedene «Verkleinerungen» einer Struktur (zum Beispiel Projektionen eines räumlichen Gebildes), so kann man weitgehend oder sogar vollständig auf die ursprüngliche Struktur rückschließen.

Als Beispiel, welche Probleme sich für strukturierte Mengen stellen, sei noch das *Fortsetzungsproblem* erwähnt: Während sich – abgesehen von trivialen Fällen – in der Mengenlehre eine Abbildung stets und in verschiedener Weise fortsetzen lässt, ist das bei strukturierten Mengen, wo als Fortsetzung natürlich nur Morphismen in Betracht kommen, keineswegs immer der Fall. Dann stellt sich die Frage, wann sich eine Abbildung zu einem Morphismus fortsetzen lässt und unter welchen Bedingungen vielleicht eine solche Fortsetzung sogar eindeutig bestimmt ist.

Die Strukturen lassen sich nun gemäß dem Bourbaki'schen Aufbau der Mathematik auf drei fundamentale Arten, die *drei Grundstrukturen*, zurückführen: die Ordnungsstrukturen, die algebraischen und die topologischen Strukturen.

Von diesen ausgehend, gelangt man zu den *multiplen Strukturen*, die unter gewissen Verträglichkeitsbedingungen aus zwei oder allen drei Grundstrukturen zusammengesetzt sind. Schließlich erhält man durch Hinzunahme weiterer Axiome die so genannten *speziellen Strukturen*.

Ordnung ist das halbe Leben:
Geordnete Mengen

Natürlich wissen wir schon, was eine geordnete Menge – auch *Ordnungsstruktur* genannt – ist: Es handelt sich um ein System (M, **O**), in dem M eine Trägermenge darstellt und **O** eine Ordnungsrelation in (oder auf) M. Statt **O** wird oft auch ein Symbol der Form $\prec$, $\leq$ oder ähnlich unmissverständlich verwendet.

In der gesamten Mathematik, insbesondere bei Zählprozessen, spielt die Theorie der Ordnung eine wichtige Rolle. Bei Folgen (siehe Seite 60, Beispiel 5) f: $N \to M$, $f(n) - f_n$, werden Ordnungselemente der natürlichen Zahlen **N** auf die Folge (f_n), $n \in N$, übertragen.

Aber auch außerhalb der Mathematik sind Ordnungen ein wichtiger Bestandteil unserer Welt: «Ordnung ist das halbe Leben», lautet eine Volksweisheit. Um die Auffindung oder Bestimmung einer derartigen «Ordnungsstruktur», wie sie mittels Folgen f von den natürlichen Zahlen n auf die Bilder f_n induziert werden, geht es auch grob im Genomprojekt, bei dem das menschliche Erbgut entschlüsselt wird. Durch systematische Versuche ist eine (binäre) Funktion g: $\tilde{N} \to \{0, 1\}$ zu ermitteln, wobei $\tilde{N} = \{1, 2, 3, ..., 3,3 \times 10^9\}$ einen «Abschnitt» der natürlichen Zahlen darstellt und 0 und 1 mit den (komplementären) Basenpaaren {A(denin), T(hymin)} und {G(uanin), C(ytosin)} identifiziert werden können (die Zahl 3,3 Milliarden ist die Größenordnung der Anzahl Basenpaare, aus denen das Erbmaterial DNA bei Säugetieren aufgebaut ist). Die Entschlüsselungsfunktion g ordnet jedem $n \in \tilde{N}$ genau ein Element aus $\{0, 1\}$ zu: entweder das Basenpaar {A, T} (das wir mit 0 identifizieren) oder das Basenpaar {G, C} (das wir mit 1 identifizieren). Die DNA ist (bezüglich der Anordnung der Basenpaare) entschlüsselt, das heißt aufgelistet, wenn g bekannt ist. Dann hat aber g auch die natürliche Ordnung von $\tilde{N}$ auf die DNA übertragen.

Die Theorie der geordneten Mengen verwendet viele Worte, deren Fachbedeutung so nahe bei ihrer alltäglichen Bedeutung liegt, dass sie sich fast von selbst erklären. Hier noch einmal die Definition: $M = \{x, y, z, \ldots\}$ sei eine Menge und $\prec$ eine Relation auf M. Dann heißt $\prec$ *Ordnungsstruktur* auf M, wenn die folgenden Axiome für die Relation $\prec$ gelten:

(O_1) reflexiv ($x \prec x$ für alle $x \in M$),
(O_2) antisymmetrisch (aus $x \prec y$ und $y \prec x$ folgt $x = y$) und
(O_3) transitiv (aus $x \prec y$ und $y \prec z$ folgt $x \prec z$).

In einer geordneten Menge braucht nicht jedes Element mit jedem anderen vergleichbar zu sein. Aus diesem Grund nannte man die so definierte geordnete Menge früher *Halbordnung* oder *teilweise* (auch *partielle*) *Ordnung*.

Eine Ordnungsstruktur $(M, \prec)$, in der für alle Elemente $x, y \in M$ stets $x \prec y$ oder $y \prec x$ gilt, heißt *vollständig geordnet* (Synonyme für eine vollständig geordnete Menge: *lineare Ordnung, Totalordnung, Kette*). In einer vollständig geordneten Menge sind alle Elemente miteinander vergleichbar.

Beispiele

1) $(\mathbf{R}, \leq)$, die Menge der reellen Zahlen $\mathbf{R}$ mit der Relation $\leq$ («kleiner oder gleich») ist vollständig geordnet. Der Ausdruck *lineare Ordnung* leuchtet auch sofort ein, wenn wir uns $\mathbf{R}$ als die reelle Zahlengerade vorstellen. Die ursprüngliche Motivation der Ordnungstheorie kommt von den vertrauten Eigenschaften der Relation «kleiner oder gleich» her und nicht von denen der Relation «kleiner» – die übrigens nicht reflexiv ist. Dafür gibt es keinen tieferen Grund als den, dass die Verallgemeinerung von «kleiner oder gleich» häufiger auftritt und der algebraischen Behandlung etwas besser zugänglich ist.

2) M sei eine Menge, $\mathbf{P}(M)$ ihre Potenzmenge. $(\mathbf{P}(M), \subseteq)$ ist eine geordnete Menge. Wie das folgende Mengendiagramm zeigt, ist sie im Allgemeinen aber nicht vollständig geordnet.

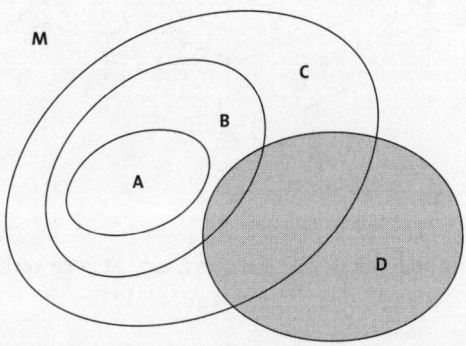

Hier gilt $A \subseteq B \subseteq C$, aber D hat keinerlei Inklusionsbeziehung mit A, B oder C. Die Inklusion auf der Potenzmenge einer Menge M ist eine der wichtigsten Ordnungsstrukturen.

3) Eine endliche geordnete Menge $(M, \prec)$ kann man graphisch darstellen, indem man Elemente aus M, die in Relation stehen, durch einen Streckenzug verbindet und sie in der Zeichenebene so anordnet, dass für $a \prec b$ das Element b oberhalb a steht.

Zur Illustration betrachten wir die Ordnung $(M, \prec) = (\mathbf{N}, |)$, das heißt die natürlichen Zahlen $\mathbf{N}$ mit $a \,|\, b$: «a teilt b ohne Rest». Für die Menge der Teiler der natürlichen Zahl 210 erhalten wir den Ordnungsgraphen auf Seite 74. Wir lesen zum Beispiel ab: $3 \,|\, 15 \,|\, 105$ und $5 \,|\, 10 \,|\, 70 \,|\, 210$. Durch keinen Streckenzug verbundene Zahlen sind (bezüglich der Teilereigenschaft) nicht vergleichbar; beispielsweise gilt weder $15 \,|\, 42$ noch $42 \,|\, 15$.

An diesem Graphen kann man leicht den größten gemeinsamen Teiler (ggT) oder das kleinste gemeinsame Vielfache (kgV) zweier Zah-

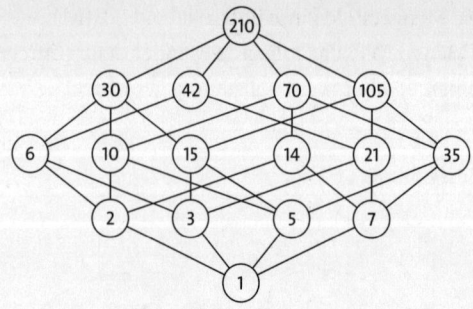

len ablesen. So ist zum Beispiel 21 die größte Zahl, die unter 42 und 105 steht und mit beiden Zahlen durch eine Strecke verbunden ist: $21 = ggT(42, 105)$. Analog ist $210 = kgV(42, 105)$.

Abbildungen zwischen Ordnungsstrukturen

$(M, <_M)$ und $(N, <_N)$ seien geordnete Mengen, $f: M \to N$ eine Abbildung und für $a, b \in M$ folge aus $a <_M b$ stets $f(a) <_N f(b)$ in N. Dann heißt f *isoton*. Folgt hingegen bei sonst gleichen Voraussetzungen $f(b) <_N f(a)$ in N, dann nennen wir f *antiton*.

Die isotonen Abbildungen sind die Morphismen (die strukturtreuen Abbildungen) *der geordneten Mengen*. Die folgende Skizze stellt eine isotone Abbildung zwischen zwei geordneten Mengen $(M, <_M)$ und $(N, <_N)$ dar.

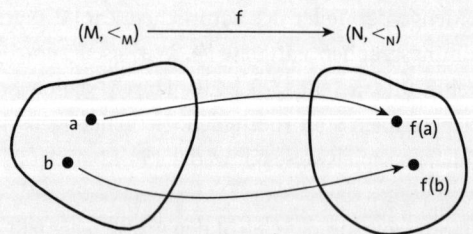

f ist isoton, wenn aus $a <_M b$ stets $f(a) <_N f(b)$ folgt.

Man kann natürlich fragen, ob sich nicht auch die antitonen Abbildungen als Morphismen eignen. Um das zu entscheiden, überlegen wir uns, welche Eigenschaften man unbedingt von den Morphismen verlangen muss. Es ist sicher sinnvoll zu fordern:

1. Die Komposition h = g ¤ f (siehe Seite 57) zweier Morphismen f und g soll wieder ein Morphismus sein.
2. Die Identität id_M auf $(M, \prec)$ soll stets ein Morphismus sein.

Die zweite Eigenschaft besitzen auch die antitonen Abbildungen. Die erste Forderung dagegen wird von den antitonen Abbildungen nicht erfüllt: Die Komposition zweier antitoner Abbildungen ist nicht wieder antiton, sondern isoton.

In der reellen Analysis ist es üblich, die isotonen Abbildungen als *monotone* Funktionen zu bezeichnen: Aus $x \leq y$ folgt $f(x) \leq f(y)$. Um die Monotonie einer (reellen) Funktion zu definieren, braucht man also nur die Ordnungsstruktur auf **R**.

Ein Ordnungsgraph lässt häufig mehrere «Deutungen» zu. Nehmen wir als Beispiel den folgenden Graphen:

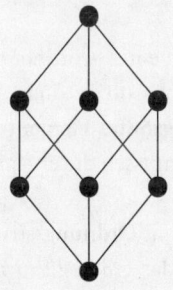

Welche Ordnungsstrukturen könnte er darstellen? Nach kurzem Tüfteln mag einem Leser vielleicht einfallen, es handele sich um «die Teiler der Zahl 30». Doch ein anderer mag der Ansicht sein, es handele sich um alle Teilmengen einer dreielementigen Menge {a, b, c} mit der Inklusion als Ordnung. Beide haben Recht – die beiden geordneten Mengen haben die gleiche Struktur.

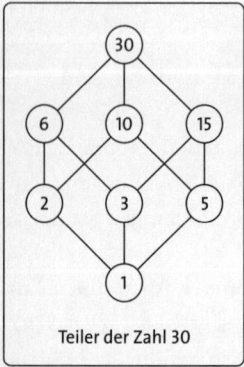

Teiler der Zahl 30

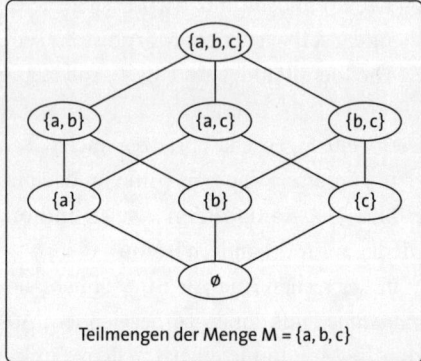

Teilmengen der Menge M = {a, b, c}

Größtes (kleinstes) oder maximales (minimales) Element?

Wann immer die Rede von einer geordneten Menge ist, möchte man auch wissen, wo sie beginnt – ob sie ein kleinstes Element hat – oder wo sie endet – ob sie ein größtes Element hat. Doch damit wir uns hier nicht missverstehen, müssen die entsprechenden Begriffe präzisiert werden.

(M, ≺) sei eine Menge mit Ordnungsstruktur und a ∈ N ⊆ M.

Definition (1): a heißt das *größte Element* von N, wenn x ≺ a für alle x ∈ N gilt.

Definition (2): a heißt ein *maximales Element von N*, wenn es kein Element z ∈ N gibt mit a ≺ z außer z = a. (Aus z ∈ N und a ≺ z folgt also a = z.)

Bemerkungen und Beispiele

1. Ein Element a heißt maximal, wenn es das größte Element einer vollständig geordneten Teilmenge von N ist. Es kann daher durchaus viele maximale Elemente in N geben (weil N im Allgemeinen mehrere verschiedene, vollständig geordnete Teilmengen haben kann).

2. Dagegen ist höchstens ein größtes Element von N möglich. Existiert in N ein größtes Element, so ist dieses auch maximal in N und zugleich das einzige maximale Element in N. Besitzt also umgekehrt N mindestens zwei verschiedene maximale Elemente, so kann es in N kein größtes Element geben.

3. Die Begriffe *kleinstes Element* und *minimales Element* werden ganz analog definiert.

4. In $(\mathbf{R}, \leq)$ betrachten wir $U = \{x \mid x \in \mathbf{R}, 0 \leq x < 1\} = [0, 1[$ (als Streckenstück der reellen Zahlengeraden beziehungsweise als Intervall geschrieben, das links «abgeschlossen», rechts aber «offen» ist). U besitzt kein maximales, also auch kein größtes Element.

5. In $(\mathbf{N}, |)$ gibt es kein größtes Element, aber $1 \in \mathbf{N}$ ist das kleinste Element. $(\mathbf{N} \setminus \{1\}, |)$ besitzt keine maximalen Elemente; die Primzahlen sind minimale Elemente in $\mathbf{N} \setminus \{1\}$.

Folgende Skizze veranschaulicht den Unterschied zwischen einem größten Element und maximalen Elementen.

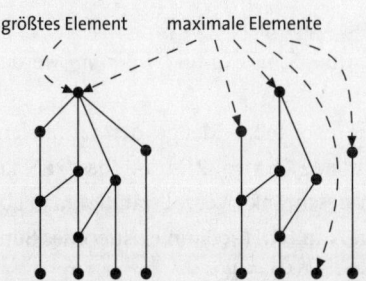

größtes Element   maximale Elemente

Obere (untere) Schranke oder Supremum (Infimum)?

$(M, \prec)$ sei eine Menge mit Ordnungsstruktur, $N \subseteq M$ und $s \in M$.

Definition (3): s heißt *obere Schranke* von N, wenn $x \prec s$ gilt für alle $x \in N$. Man beachte, dass $s \in M$ vorausgesetzt wurde (und nicht $s \in N \subseteq M$, wie bei den vorangegangenen Definitionen). Gibt es eine obere Schranke von N, so nennt man die Menge N *nach oben beschränkt* in $(M, \prec)$.

Definition (4): s heißt *Supremum* von N, wenn s die kleinste obere Schranke ist, das heißt, wenn gilt:

(a) s ist obere Schranke von N;

(b) ist $x \prec r$ für alle $x \in N$, so folgt: $s \prec r$.

Es gilt der Satz: Wenn N ein Supremum besitzt, so ist dieses eindeutig bestimmt. Dafür können wir dann $s = \sup N$ schreiben.

Bemerkungen und Beispiele

1. Falls N beschränkt ist, aber kein größtes Element besitzt, so ist das Supremum, falls es existiert, eine Art «Ersatz» für das größte Element.

2. Man beachte, dass auch zur Definition des Supremums nur die Ordnungsstruktur benötigt wird – in der Analysis also nur die Relation $\leq$ (kleiner oder gleich) in **R**.

3. Die Begriffe *untere Schranke* und *Infimum* werden ganz analog definiert.

4. $(\mathbf{Q}, \leq)$ sei die geordnete Menge der rationalen Zahlen oder Brüche, $N = \{x \mid x \in \mathbf{Q}, x^2 < 2\}$. Dann besitzt N kein Supremum in **Q**; N ist nur beschränkt. Vervollständigt man aber **Q** zu **R** und betrachtet man N in $(\mathbf{R}, \leq)$, dann existiert das Supremum von N sehr wohl: $\sup N = \sqrt{2} \in \mathbf{R}$.

5. In $(\mathbf{Q}, \leq)$ besitzt das Intervall $U = [0, 1[$ ein Supremum: sup $U = 1 \notin U$. Folglich ist U auch beschränkt.

Um die Übersicht etwas zu erleichtern, finden Sie nachfolgend den logischen Zusammenhang, der die in den letzten Definitionen eingeführten Begriffe darstellt. $(M, \prec)$ sei eine Ordnungsstruktur, $N \subseteq M$. Für ein Element $a \in M$ gelten die folgenden Implikationen:

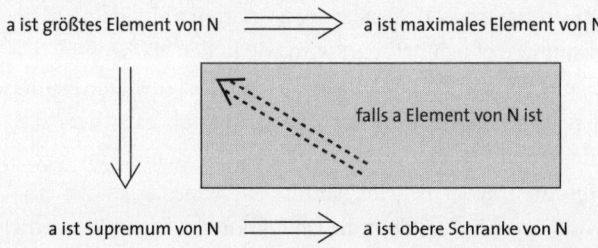

Der gestrichelte Implikationspfeil gilt nur für Elemente $a \in N$. Beispiel: Ist $a \in N$ und $a = \sup N$, so ist a das größte Element von N. Denn das Supremum von N ist auch obere Schranke von N. Eine obere Schranke von N mit $a \in N$ ist aber das größte Element von N.

Wohlordnungssatz – Auswahlaxiom – Zorn's sches Lemma

Für Mengentheoretiker sind der Wohlordnungssatz, das Auswahlaxiom und das Zorn'sche Lemma wichtige Hilfsmittel bei Beweisen; sie haben aber auch einen ganz speziellen intellektuellen Reiz.

Diese drei Aussagen sind äquivalent. (Am gebräuchlichsten ist heute das Zorn'sche Lemma.) Logiker haben bewiesen, dass die Hinzunahme der drei äquivalenten Aussagen zu einem beliebigen

Axiomensystem dessen Widerspruchsfreiheit nicht zerstört. Für Beweisführungen bedeutet diese Hinzunahme oft eine erhebliche Vereinfachung.

Gut erfunden ist halb entdeckt

Eine der bedeutendsten Leistungen Georg Cantors ist die Definition der *wohlgeordneten* Menge. Doch kann eine Definition eine bedeutsame Leistung sein? Die Erfahrung zeigt immerhin, dass nirgendwo so frisch und fröhlich definiert wird wie in der Mathematik. Die sagenhafte «Eier legende Wollmilchsau» ist sicher eine tolle Definition; wirklich interessant wäre jedoch zu wissen, ob es so was tatsächlich gibt (und nicht bloß eine Projektidee der Gentechnik ist). Nicht das Einführen neuer Begriffe, so möchte man meinen, ist ein Ausweis von Genialität, sondern die Deduktion tief liegender mathematischer Wahrheiten.

Aber die Prägung eines Begriffs kann die Forschung durchaus in richtige, weiterführende Bahnen lenken. Gut erfunden ist halb entdeckt, könnte man sagen. Und nicht zuletzt war es Cantor, der seine Dissertation mit der These schloss, in der Mathematik sei die Kunst, eine Frage zu stellen, höher zu bewerten als die Kunst, sie zu lösen. Für die Mengenlehre war die Einführung des Begriffs der wohlgeordneten Menge deshalb ein bedeutsamer Fortschritt, weil damit die Voraussetzung für den Nachweis geschaffen wurde, dass alle Mengen «vergleichbar» seien.

Im Abschnitt «Die Bijektivität und Cantors unendliche Geschichten» (Seite 52) haben wir gesehen, dass eine Menge von gleicher oder höherer Mächtigkeit (Kardinalzahl) sein kann als eine andere. Kann man unendliche Mengen miteinander vergleichen? Und etwa aussagen, dass von zwei nicht äquivalenten Mengen immer die eine einer echten Teilmenge der anderen äquivalent sei? Dann würde man alle noch so verschiedenartig sich gebenden Mengen vergleichen können.

Zur Erreichung dieses Zieles führte Cantor den Begriff der wohlgeordneten Menge ein:

*Eine geordnete Menge heißt wohlgeordnet, wenn jede nichtleere Teil-
menge ein (bezüglich der Ordnungsstruktur) erstes Element hat.*

Offenbar sind alle endlichen Mengen wohlgeordnet – und zwar in
jeder Ordnung. Aber auch die Menge der natürlichen Zahlen besitzt
diese Eigenschaft: Wie man auch eine (nichtleere) Teilmenge von **N**
definiert: Stets hat sie ein kleinstes Element. Dagegen sind die Menge
der ganzen Zahlen **Z** und auch die der rationalen Zahlen oder Brüche
Q *nicht wohlgeordnet, wenn diese Trägermengen mit der üblichen Ordnungsstruktur* ≤ *versehen werden.* (Es gibt ja in der Menge der ne-
gativen Zahlen – als Teilmenge von **Z** – kein kleinstes Element, und
das Gleiche gilt zum Beispiel für die Menge $\{x \mid x \subset \mathbf{Q}, 0 < x < 1\}$
als Teilmenge von **Q**; offenbar gibt es zu jeder positiven rationalen
Zahl q noch eine kleinere, etwa $q/2$.)

Nun war es Cantor aber gelungen, alle rationalen Zahlen abzu-
zählen, sie mit Hilfe einer Folge $f_C\colon \mathbf{N} \to \mathbf{Q}$ durchzunummerieren
($f_C[\mathbf{N}] = \mathbf{Q}$; siehe die Hinweise auf Seite 53). Wie wir bereits bemerkt haben, wird auf jede Folge die Ordnung der natürlichen Zah-
len induziert – also auch auf **Q**: Wir brauchen die Trägermenge **Q**
nur mit der induzierten Ordnungsstruktur

$$f_C(m) = q_m \prec q_n = f_C(n) \text{ genau dann, wenn } m < n,$$

zu versehen und erhalten eine geordnete Menge $(\mathbf{Q}, \prec)$, die bezüglich der neuen Ordnungsstruktur $\prec$ nun wohlgeordnet ist. Hier hat
jede nichtleere Teilmenge tatsächlich ein erstes Element, weil das ja
für die natürlichen Zahlen gilt. Die rationalen Zahlen lassen sich
noch auf andere Weise wohlordnen, wenn man will.

In einer wohlgeordneten Menge hat jedes Element *einen unmittel-
baren Nachfolger*, jedoch nicht jedes Element hat auch einen (unmit-
telbaren) Vorgänger.

Der Wohlordnungssatz

Nun lässt sich leicht zeigen, dass irgendzwei wohlgeordnete Mengen verglichen werden können: Man bildet die eine auf einen *Abschnitt* der anderen bijektiv ab – sogar unter Erhaltung der Ordnung. (Dabei versteht man unter dem *Abschnitt* A(a) einer Menge M die Teilmenge A(a) ⊆ M, zu der alle jene Elemente x aus M gehören, die *vor* a stehen, für die also x ≺ a gilt.)

Der berühmte Wohlordnungssatz lautet nun: *Jede Menge lässt sich wohlordnen.*

Leider gibt dieser Satz kein Konstruktionsverfahren an. Die versprochene Wohlordnung für eine beliebige Menge M hat nichts mit irgendeiner auf M schon gegebenen Struktur zu tun. Die Wohlordnung der Menge der reellen Zahlen ist zum Beispiel ein noch völlig ungelöstes Problem, weil bis heute kein Verfahren bekannt ist, nach dem eine Wohlordnung für **R** *effektiv konstruiert* werden könnte.

Das Auswahlaxiom

Georg Cantor hat angenommen, dass auf jeder vorgegebenen Menge M eine Wohlordnung definiert werden könne – das ist der Inhalt des Wohlordnungssatzes. Der exakte Beweis für diese Behauptung ist aber erst im Jahre 1908 durch Ernst Zermelo erbracht worden. Dazu benutzte er das so genannte *Auswahlaxiom.* Das ist eine Aussage, deren Gültigkeit dem gesunden Menschenverstand durchaus plausibel erscheint:

Es sei **M** *ein System* {M} *von nichtleeren, paarweise disjunkten Mengen. Dann gibt es eine «Auswahlmenge»* A, *die aus jeder Menge* M *von* **M** *genau ein Element enthält.*

Wenn Ihnen das bekannt vorkommt, dann liegen Sie vollkommen richtig. M sei etwa die Menge der wahlberechtigten Bürger eines speziellen Wahlkreises und {M} das System aller Wahlkreise. Bei der

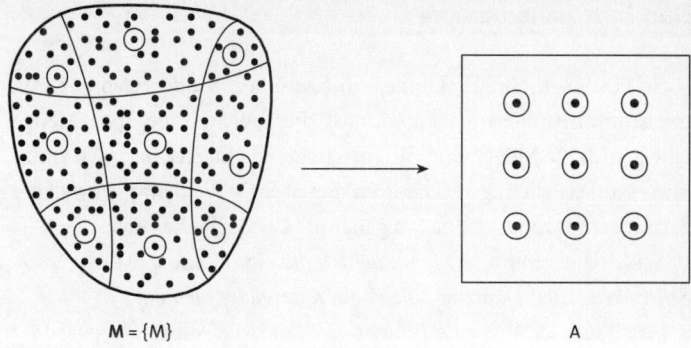

M = {M}   A

Wahl wird aus jedem Wahlkreis *ein* Bürger ausgewählt – der Abgeordnete dieses Wahlkreises. Die Menge der Abgeordneten bildet dann die «Auswahlmenge» A, das Parlament. Werden die Wahlkreise als Klasseneinteilung (Faserung) aufgefasst, dann stellt die Auswahlmenge eben ein Repräsentantensystem dar – und wir sind bei den Äquivalenzklassen vom dritten Kapitel. Warum sich also die Möglichkeit zur Bildung der Auswahlmenge A durch ein besonderes Auswahlaxiom sichern wollen?

Nun, die Mengenlehre befasst sich vorwiegend mit unendlichen Mengen und Mengensystemen, und da ist es nicht immer möglich, ein Verfahren zur *konstruktiven* Ermittlung einer Auswahlmenge zu geben. Und wenn eine Konstruktion nicht bekannt ist, müssen wir mit dem Auswahlaxiom wohl in Kauf nehmen, dass die mit diesem Postulat geführten Beweise reine (logische) Existenzaussagen sind.

Es sei hier noch eine als gleichwertig bewiesene Formulierung des Auswahlaxioms kurz erwähnt: *Das kartesische Produkt eines (nichtleeren) Systems von nichtleeren Mengen ist nichtleer.* Auch der Inhalt dieser Formulierung ist einsichtig und plausibel, muss aber für eine tragfähige und widerspruchsfreie Mengenlehre eigens postuliert werden.

Das Zorn'sche Lemma

Viele Existenztheoreme können so formuliert – oder, wenn es sein muss, umformuliert – werden, dass die zugrunde liegende Menge eine geordnete Menge und die entscheidende Eigenschaft «Maximalität» ist. Das wichtigste Theorem dieser Art – die dritte äquivalente Aussage im Bunde – ist das so genannte Zorn'sche Lemma:

Sei M eine geordnete Menge derart, dass jede Kette in M eine obere Schranke besitzt. Dann enthält M ein maximales Element.

Eine Kette in M ist eine Teilmenge von M, die vollständig geordnet ist durch die von M übernommene, das heißt auf die Teilmenge eingeschränkte Ordnung. Oft wird das Zorn'sche Lemma anders formuliert. Dazu ist aber die folgende Definition notwendig: Eine geordnete Menge $(M, \prec)$ heißt *induktiv geordnet*, wenn jede Kette in M ein Supremum besitzt. Sehen wir uns ein paar Beispiele zur Definition an:

1. $(\mathbf{R}, \leq)$ sei die Menge der reellen Zahlen, versehen mit der üblichen Ordnung «kleiner oder gleich». $\mathbf{R} \subseteq \mathbf{R}$ ist vollständig geordnet (eine Kette), besitzt aber kein Supremum. $\mathbf{N} \subseteq \mathbf{R}$ ist ebenfalls eine Kette, besitzt aber nicht einmal eine obere Schranke. Daher ist $(\mathbf{R}, \leq)$ nicht induktiv geordnet.

2. M sei eine Menge, dann ist ihre Potenzmenge $(\mathbf{P}(M), \subseteq)$ nicht nur geordnet bezüglich der Mengeninklusion $\subseteq$, sondern auch induktiv geordnet.

Die andere Formulierung des Zorn'schen Lemmas lautet nun:

Jede induktiv geordnete Menge $(M, \prec)$, wobei M nichtleer ist, besitzt maximale Elemente.

Es gab schon in den Tagen Cantors Mathematiker, die (wie Leopold Kronecker zum Beispiel) nur *konstruktive* Verfahren in ihrer Wissenschaft gelten ließen. Solche Wissenschaftler halten nichts von Mengen, die zwar existieren sollen, die man aber nicht ermitteln kann. Besonders im ersten Drittel des 20. Jahrhunderts löste dieser Umstand eine tiefe Grundlagenkrise aus, die den «Intuitionismus» (auch «Konstruktivismus» genannt) mit Luitzen Brouwer an der Spitze hervorbrachte. Ganz überwunden ist dieser Grundlagenstreit immer noch nicht. Doch die meisten Forscher sind Pragmatiker und lassen heute einen mathematischen Beweis dann gelten, wenn er durch logische Deduktionen aus einem vorgegebenen widerspruchsfreien Axiomensystem abgeleitet werden kann.

Die Axiome der Mengenlehre – Auflistung

Im ersten Kapitel habe ich Cantors so genannte naive Definition der *Menge* gegeben: «eine Zusammenfassung von bestimmten, wohlunterschiedenen Objekten unserer Anschauung oder unseres Denkens zu einem Ganzen». Doch aufgrund der hier enthaltenen Ungenauigkeiten (zwischen *Menge, Zusammenfassung* und *ein Ganzes*) blieben Widersprüche («Antinomien») nicht aus. Es erwies sich als notwendig, gewisse Begriffe (wie «die Menge aller Mengen») zu verbannen und im Weiteren die Bildung vor allem unendlicher Mengen logisch widerspruchsfrei zu präzisieren. Daraus entstand nach und nach die axiomatische Mengenlehre.

Nachfolgend die unkommentierte Auflistung der Axiome nach Halmos (1969), mehr als Zusatzinformation denn als streng logisches Instrumentarium für uns.

Tafel der Axiome

1. **Extensionalitätsaxiom**: Zwei Mengen sind dann und nur dann gleich, wenn sie dieselben Elemente haben.

2. **Aussonderungsaxiom**: Zu jeder Menge A und jeder Bedingung (oder Eigenschaft) E(x) gibt es eine Menge B, deren Elemente genau jene x aus A sind, für die E(x) gilt.

3. **Paarbildungsaxiom**: Zu je zwei Mengen gibt es stets eine Menge, die jene beiden als Elemente enthält.

4. **Vereinigungsaxiom**: Zu jedem Mengensystem gibt es eine Menge, welche alle Elemente enthält, die zu mindestens einer Menge des gegebenen Systems gehören.

5. **Potenzmengenaxiom**: Zu jeder Menge existiert ein Mengensystem, das unter seinen Elementen alle Teilmengen der gegebenen Menge enthält.

6. **Unendlichkeitsaxiom**: Es gibt eine Menge, die die leere Menge Ø enthält und mit jedem ihrer Elemente auch dessen Nachfolger.

7. **Auswahlaxiom**: Das kartesische Produkt eines (nichtleeren) Systems von nichtleeren Mengen ist nichtleer.

8. **Ersetzungsaxiom**: Sei S(a, b) eine Aussage der Art, dass für jedes Element a einer Menge A die Menge {b | S(a, b)} gebildet werden kann. Dann existiert eine Funktion F mit Definitionsbereich A, sodass F(a) = {b | S(a, b)} für jedes a in A.

Verknüpfungen fesseln:
Algebraische Strukturen

In einem Volkstheaterstück denkt ein Darsteller über seine Schulzeit laut nach: «Und in der Algebra, da heißt es immer x ... x ist wenigstens nie falsch ...»

Ein trügerischer Trost. Denn strukturell betrachtet, geht es nirgends so «eng» zu wie bei den algebraischen Objekten. Ich möchte es im Augenblick bei dieser Andeutung belassen und anlässlich eines Vergleichs zwischen algebraischen und topologischen Strukturen wieder darauf zurückkommen.

Sie können dieses Kapitel (aber nicht nur dieses) auf zweierlei Art lesen: zum einen, indem Sie sich zu Gemüte führen, wie in der Mathematik ohne konkrete Inhalte (und auch ohne konkrete Eigenschaften, die diese Inhalte besitzen) gedacht wird, und zum anderen, wie (gewissermaßen auf einer etwas weniger anspruchsvollen Abstraktionsstufe) speziellere und traditionsreiche Strukturen (wie etwa Gruppen, Ringe, Körper und Vektorräume) unsere Welt, auch die reale, bevölkern. Berechnungen gibt es praktisch keine, vor allem langweilige nicht – höchstens Erläuterungen zu ein paar präzisen Begriffen und zahlreiche Beispiele. (Sie können sich natürlich fragen, warum ich nicht, wie üblich und nahe liegend, *umgekehrt* vorgegangen bin, das heißt von realen, konkreten Objekten hin zu immer «abstrakteren Sphären». Ich weiß darauf keine andere Antwort als die, dass ich die Erklärung mathematischer Inhalte einmal gerade *entgegen* der üblichen Vorgehensweise versuchen wollte. Vielleicht gefällt es Ihnen ja – und wir haben Glück gehabt.)

Allgemeine algebraische Strukturen (I-a)

Die algebraischen Strukturen haben mit Verknüpfungen in Mengen zu tun: Eine nichtleere Menge M mit einer oder mehreren darin definierten Verknüpfungen (samt den dazu gehörenden Rechenregeln) nennt man eine algebraische Struktur. Das ist sehr allgemein, und es erscheint zweckmäßig, eine Differenzierung zwischen Verknüpfungen vorzunehmen. Was wir bisher einfach als «Verknüpfung» bezeichnet haben, nämlich eine Abbildung

$$* : M \times M \to M$$

mit $(x, y) \to *(x, y) = x * y \in M$ für $(x, y) \in M \times M$,

stellt genauer eine *innere Verknüpfung* (auch *innere Komposition*) auf *ganz* M dar. Es kann durchaus sein, dass die Verknüpfung $*$ lediglich auf einer Teilmenge A von $M \times M$ definiert ist (siehe die folgenden Beispiele unter 2.). Symbolisch haben wir diese algebraische Struktur als geordnetes Paar $(M, *)$ geschrieben. Nachfolgend einige (zum Teil bereits bekannte) Beispiele von algebraischen Strukturen mit inneren Verknüpfungen:

1. Die Vereinigung und der Durchschnitt von Teilmengen einer Menge M sind innere Verknüpfungen auf der Potenzmenge $\mathbf{P}(M)$:

   $\cup$ beziehungsweise $\cap : \mathbf{P}(M) \times \mathbf{P}(M) \to \mathbf{P}(M)$ mit

   $(U, V) \to U \cup V \in \mathbf{P}(M)$ beziehungsweise $U \cap V \in \mathbf{P}(M)$.

   $(\mathbf{P}(M); \cup, \cap)$ ist eine algebraische Struktur.

2. Die vier Grundrechenarten in der Menge $\mathbf{R}$ der reellen Zahlen: Addition, Subtraktion, Multiplikation und Division sind innere Verknüpfungen in $\mathbf{R}$, die in jedem Falle zwei Elementen aus $\mathbf{R}$ ein drittes Element aus $\mathbf{R}$ zuordnen – nämlich ihre Summe, Differenz, ihr Produkt oder ihren Quotienten.

Nicht für jede dieser Grundrechenarten ist ihr Definitionsbereich ganz $\mathbf{R} \times \mathbf{R}$. Für die Division $(a, b) \to a / b$ muss $b \neq 0$ gelten; somit ist der Definitionsbereich der Division $\mathbf{R} \times (\mathbf{R} \setminus \{0\}) \subset \mathbf{R} \times \mathbf{R}$.

Ein weiteres Beispiel für eine Grundrechenart mit eingeschränktem Definitionsbereich ist etwa die Subtraktion in der Menge der natürlichen Zahlen; $(n, m) \to n - m$ ergibt nur für $n > m$ ein Bild aus $\mathbf{N}$.

3. Die innere Verknüpfung $(x, y) \to x^y \in \mathbf{N}$ für $(x, y) \in \mathbf{N} \times \mathbf{N}$ ist auf ganz $\mathbf{N}$ definiert.

4. Die inneren Kompositionen

$$\min: (x, y) \to \min\{x, y\} \in \mathbf{R} \text{ und } \max: (x, y) \to \max\{x, y\} \in \mathbf{R},$$

die jedem Paar $(x, y) \in \mathbf{R} \times \mathbf{R}$ die kleinere beziehungsweise größere Komponente zuordnen, sind auf ganz $\mathbf{R}$ definiert. Diese algebraische Struktur ließe sich kurz $(\mathbf{R}; \min, \max)$ schreiben.

5. Bezeichnen wir mit F_M die Menge aller Abbildungen von M in M,

$$F_M = \{f \mid f: M \to M\},$$

so ist die Komposition (Hintereinanderführung) ¤ zweier Abbildungen eine innere Verknüpfung in F_M:

$$¤: F_M \times F_M \to F_M$$

mit $(f, g) \to ¤(f, g) = g ¤ f \in F_M$ für $(f, g) \in F_M \times F_M$.

$(F_M, ¤)$ ist zweifellos eine interessante algebraische Struktur – die im Allgemeinen nicht kommutativ ist, das heißt, die Reihenfolge der verknüpften Abbildungen ist nicht beliebig (hier: zuerst f, dann g).

Wenn ich schon den Begriff der *inneren* Verknüpfung auf einer Menge M eingeführt habe, können Sie erwarten, dass es auch so etwas wie eine *äußere* Verknüpfung gibt. Darauf komme ich im Abschnitt «Allgemeine algebraische Strukturen (I-b)» (Seite 100) zurück. Jetzt ist es an der Zeit, ein paar Beispiele spezieller und traditionsreicher algebraischer Strukturen (mit *inneren* Verknüpfungen) beim Namen zu nennen.

Gruppen

Eine algebraische Struktur $(G, *)$ heißt eine *Gruppe*, wenn die vier folgenden Gruppenpostulate erfüllt sind:

(G_1) Sind s und t Elemente von G, so ist auch s $*$ t Element von G.

(G_2) Die Verknüpfung $*$ ist assoziativ: s $*$ (t $*$ u) = (s $*$ t) $*$ u für alle Elemente s, t, u von G.

(G_3) Es gibt ein *neutrales Element* (auch *Einselement*) e in G, sodass gilt: s $*$ e = e $*$ s = s für alle Elemente s von G.

(G_4) Zu jedem Element s von G gibt es ein dazu *inverses Element* in G, das s^{-1} geschrieben wird und der Gleichung s $*$ s^{-1} = e genügt.

Knapp formuliert lässt sich sagen, eine Gruppe ist eine algebraische Struktur mit einer inneren assoziativen Verknüpfung, wobei es ein neutrales Element gibt und zu jedem Element ein dazu inverses.

Es ist hervorzuheben, dass die Verknüpfung (per Definition) assoziativ ist, jedoch nicht kommutativ zu sein braucht: Für beliebige Elemente s und t muss die Gleichung s $*$ t = t $*$ s *nicht* gelten. Gilt sie dennoch für alle Gruppenelemente, so heißt die Gruppe selbst *kommutativ* (oder auch *abelsch*, zu Ehren des norwegischen Mathematikers Niels Henrik Abel).

Gruppen gibt es wie Sand am Meer – auch in unserer realen Welt. Hier ein paar Beispiele.

1. $(\mathbf{Z}, +)$, die Menge der ganzen Zahlen mit der Addition als Verknüpfung, bildet eine Gruppe, die zudem noch kommutativ ist. Das Assoziativgesetz ist für die gewöhnliche Addition erfüllt. Das neutrale Element (Einselement) ist die Zahl 0, das zu $z \in \mathbf{Z}$ inverse Element die ganze Zahl $(-z)$: $z + (-z) = (-z) + z = 0$, und 0 ist unser neutrales Element. $(\mathbf{Q}, +)$ und $(\mathbf{R}, +)$ sind ebenfalls Gruppen.

2. $\mathbf{Q} \setminus \{0\}$, die Menge der rationalen Zahlen ohne die Null, kurz $\mathbf{Q}^{\bullet}$ geschrieben, bildet hinsichtlich der gewöhnlichen Multiplikation $\times$ eine Gruppe $(\mathbf{Q}^{\bullet}, \times)$: Das Produkt zweier Brüche ergibt einen Bruch, die gewöhnliche Multiplikation ist assoziativ, das neutrale Element (Einselement) bezüglich $\times$ ist die 1, und der zu p/q inverse Bruch ist q/p, denn es gilt: $(p/q) \times (q/p) = 1$. Zu dieser Art von Gruppen gehört auch $(\mathbf{R}^{\bullet}, \times)$. Weitere ähnliche Gruppen sind ferner $(\mathbf{Q}^{+}, \times)$ und $(\mathbf{R}^{+}, \times)$; $\mathbf{Q}^{+}$ beziehungsweise $\mathbf{R}^{+}$ bezeichnet dabei jeweils die Teilmenge der streng positiven rationalen beziehungsweise reellen Zahlen.

3. $(\{-1, 1\}, \times)$ ist eine Gruppe – tatsächlich. Auch die Teilmenge einer Gruppe $(G, *)$, die nur das (neutrale) Einselement enthält, ist selbst eine Gruppe $(\{e\}, *)$; sie wird die *triviale Gruppe* genannt. Eine Teilmenge $U \subset (G, *)$, die selbst Gruppe ist, heißt eine *Untergruppe* von G; eine Teilmenge, die keine Gruppe ist, ein *Komplex*.

4. Die Symmetrieoperationen (kurz Symmetrien), die an einer bestimmten ebenen oder räumlichen Figur vollzogen werden können, bilden eine Gruppe, die *Symmetriegruppe* der Figur. Wenn Mathematiker von Symmetrie sprechen, haben sie ein Verfahren im Sinn, einen Gegenstand so zu transformieren, dass er seine Struktur beibehält (so ein Gegenstand kann sogar eine Gleichung sein).

Legen Sie eine einfache geometrische Figur, eine quadratische Fläche etwa, auf ein Blatt Papier, und zeichnen Sie eine Umrisslinie nach. Bewegen Sie nun das Quadrat, passt es gewöhnlich nicht wieder in die Umrisslinie hinein. Bei genau acht verschiedenen Bewegungen liegt das Quadrat jedoch wieder innerhalb der Umrisslinie. So können Sie vier Drehungen und vier Spiegelungen durchführen – es gibt also acht Symmetrien des Quadrats, und die bilden eine Gruppe:

– Werden zwei Symmetrien nacheinander ausgeführt, so landet das Quadrat offensichtlich wiederum innerhalb einer Umrisslinie. Das Hintereinanderausführen mehrerer Symmetrien erzeugt also eine weitere Symmetrie. (Man sagt auch, die Menge der Symmetrien ist bezüglich der Operation der Hintereinanderausführung *abgeschlossen.*)

– Die Drehung um null Grad kann als *neutrale* Symmetrieoperation angesehen werden, die das Quadrat unverändert lässt. (Das Gleiche wird natürlich durch jede ganze Anzahl von 360-Grad-Drehungen bewirkt.)

– Zu jeder Symmetrie gibt es eine *inverse* oder *reziproke* Symmetrieoperation, die das Quadrat durch hintereinander ausgeführte Schritte wieder in die *neutrale* Stellung zurückversetzt.

– Werden drei Symmetrien hintereinander ausgeführt, dann kann man sich leicht davon überzeugen, dass diese Hintereinanderausführung als Verknüpfung assoziativ ist.

Die Menge der Symmetrien des Quadrats, zusammen mit der Hintereinanderausführung als Verknüpfung, hat also die Gruppeneigenschaft. Diese *Symmetriegruppe* des Quadrats enthält genau acht Elemente (Symmetrien) – man sagt, sie hat die Ordnung 8 (die *Ordnung* einer Gruppe ist nichts anderes als die Anzahl der Elemente, aus denen die Gruppe besteht – und hat mit den «Ordnungsstrukturen» nichts zu tun).

Wir können diese Überlegungen auch auf andere regelmäßige Figuren und auch auf dreidimensionale Körper ausdehnen. Der Würfel beispielsweise besitzt 24 Drehsymmetrien, wobei die Rotation um eine Achse erfolgt (und nicht mehr um einen Punkt wie bei der ebenen Figur). Jede beliebige Ecke des Würfels kann in jede beliebige andere überführt werden, und für jede zu einer Ecke führenden Kante gibt es drei Drehoperationen. Werden dazu noch die Spiegelungen (an einer Ebene und nicht mehr an einer Geraden) berücksichtigt, so ergeben sich für den Würfel insgesamt 48 Symmetrien.

Das Dodekaeder, ein fußballähnlicher, regulärer Körper, dessen Oberfläche aus 12 gleichen, regelmäßigen Fünfecken besteht, besitzt allein 60 Drehsymmetrien (120 Symmetrien, wenn man die Spiegelungen mitzählt). Die Symmetrien dieses «Fußballs» spielten beim Nachweis, dass die allgemeine Gleichung fünften Grades nicht durch Radikale auflösbar ist, eine entscheidende Rolle.

5. Ein Beispiel für endliche wie unendliche Gruppen bilden die Matrizen. Eine *Matrix* ist eine gewöhnlich in Klammern geschriebene rechteckige, aus Zeilen und Spalten bestehende Anordnung von Zahlen, eine Art Liste also, die beliebig groß sein kann. Insbesondere sind Matrizen für die Lösung großer linearer Gleichungssysteme entwickelt und untersucht worden. (Das Rechnen mit Matrizen ist heute von so großer Bedeutung, dass jedes auf wissenschaftliche oder kommerzielle Nutzung gerichtete Computersystem ganz selbstverständlich mit einer Software ausgestattet ist, die diese Rechnungen ausführen kann. Wahrscheinlich ist die Matrizenarithmetik mittlerweile sogar die häufigste numerische Aufgabe, die Computer zu bewältigen haben.) Gewisse Mengen von Matrizen besitzen nun hinsichtlich der zwischen ihnen definierten Verknüpfung die Gruppenstruktur.

6. Eine weitere bedeutende Klasse von Gruppen sind die *zyklischen* Gruppen. Wie das Adjektiv verrät, liegt diesen Gruppen ein Zyklus, eine Periode, zugrunde. Ein Beispiel für eine zyklische Gruppe, das jedem vertraut ist, liefert das Zifferblatt einer Uhr. Die Menge der ganzen Zahlen von 1 bis 12, zusammen mit der Addition, besitzt die Gruppeneigenschaft, wenn wir der Zwölf die Rolle des neutralen Elements zuweisen. Gerät man beim Addieren über sie hinaus, fängt man wieder bei null an und zählt von dort weiter; 7 plus 8 ergibt 3. Das Inverse zu jedem Element der

Gruppe wird erzeugt, indem die Differenz zwischen der jeweiligen Zahl und 12 gebildet wird; 7 ist folglich das Inverse zu 5, da $7 + 5 = 12 = 0$ ist. Die zyklische Gruppe der Ordnung 10 liegt unserem Dezimalsystem zugrunde. Die zyklischen Gruppen der Ordnung 24 und 60 sind mit der Zeitmessung (Stunden pro Tag, Minuten pro Stunde und Sekunden pro Minute) verknüpft. Die zyklische Gruppe der Ordnung 360 schließlich bestimmt die Messung von Winkeln.

Welche Gruppeneigenschaften aus den wenigen Postulaten auch immer nachgewiesen wurden und werden: Sie gelten für *alle* Gruppen. Und diese Eigenschaften sind zahlreich. Ein Lehrbuch der Gruppentheorie hat nicht selten über tausend Seiten.

Zu den elementarsten Eigenschaften von Gruppen zählen gewisse Eindeutigkeiten, nämlich dass es in jeder Gruppe nur ein neutrales Element (Einselement) gibt und zu jedem Element genau ein dazu inverses.

Einer der schönsten mathematischen Sätze betrifft die Ordnung (die Anzahl der Elemente) von Gruppen: *Die Ordnung einer Untergruppe teilt die Ordnung der Gruppe.* (Eine *Untergruppe* ist eine Teilmenge einer Gruppe, die selbst die Gruppenpostulate erfüllt – wie ich im Beispiel 3 auf Seite 91 schon kurz definiert habe.)

Mathematiker haben eine Unzahl Gruppen mit speziellen Eigenschaften definiert – nicht als künstliche Objekte oder Fiktionen, sondern weil diese Gruppen tatsächlich vorkommen: endliche und unendliche, kommutative, zyklische (wie wir bereits gesehen haben), reguläre, alternierende, einfache, sporadische (das sind ziemlich «exotische») und viele weitere mehr.

Eine ganz wichtige Kategorie ist jene der so genannten *einfachen* Gruppen – die elementaren Bausteine der Gruppentheorie. Der Schlüssel zum Verständnis aller Gruppen besteht darin, diese einfachen Gruppen zu verstehen. Denn jede Gruppe ist stets entweder einfach oder aus einfachen Gruppen zusammengesetzt (ähnlich, wie jede natürliche Zahl stets entweder prim ist oder aber multiplikativ aus Primfaktoren gebildet werden kann). Mit dem Begriff des Homomorphismus (die Homomorphismen sind die Morphismen – das heißt die strukturtreuen Abbildungen – der algebraischen Strukturen, siehe Seite 106) ergibt sich die Definition: Eine *einfache* Gruppe ist eine Gruppe, die keine anderen homomorphen Bilder als sich selbst und die triviale Gruppe hat. Die erschöpfende Untersuchung der einfachen Gruppen erwies sich aber ganz und gar nicht als einfach … auch weil sich einige ziemlich exotische Repräsentanten darunter befinden, nämlich die sporadischen Gruppen. Als Beispiel für eine sporadische einfache Gruppe sei das «Monster» erwähnt:

Im Laufe der abschließenden Arbeiten zur Klassifizierung aller einfachen Gruppen wurden auch die letzten der noch fehlenden sporadischen Gruppen entdeckt. 1980 fand insbesondere Robert Griess von der Universität von Michigan die sechsundzwanzigste und letzte dieser außergewöhnlichen Kuriositäten, deren Existenz bereits seit 1973 vermutet worden war. Sie ist mit Abstand die größte der sporadischen Gruppen, weshalb ihr der Name «Monster» gegeben wurde. Die Ordnung des Monsters ist eine vierundfünfzigstellige Zahl, nachfolgend ausgeschrieben und in Primfaktoren zerlegt:

808 017 424 794 512 875 886 459 904 961 710 757 005 754 368 000 000 000

$$= 2^{46} \times 3^{20} \times 5^9 \times 7^6 \times 11^2 \times 13^3 \times 17 \times 19 \times 23 \times 29 \times 31 \times 41 \times 47 \times 59 \times 71$$

Es war sehr zweifelhaft, ob selbst ein Supercomputer in der Lage sein würde, ein solches Ungetüm zu handhaben. Daher staunte die Fachwelt, als Griess das Monster mit bloßen Händen erschlug! Alle zu seiner vollständigen Bestimmung erforderlichen Rechnungen konnte er tatsächlich per Hand ausführen. Er konstruierte den «freundlichen Riesen», wie er das gezähmte Monster umtaufte, als eine Drehungsgruppe im sage und schreibe 196 883-dimensionalen Raum – die kleinstmögliche Dimension für dieses Unterfangen. (Vielleicht ist die Vorstellung dieser Gruppe als einer bestimmten Menge von $196\,883 \times 196\,883$-Matrizen aus komplexen Zahlen ein bisschen «konkreter und anschaulicher».)

Sie meinen, derartige Monstrositäten gäbe es in der realen Welt nicht? Weit gefehlt! In «Abenteuer Mathematik» führe ich zahlreiche Beispiele an – von der Geometrie zur Gleichungslehre, von Rubiks Würfel zur Kryptographie, von der Quantenphysik zur Kosmologie. Keine Gruppe (und auch keine andere Struktur), wie komplex oder exotisch sie auch immer sein möge, schwebt ohne einen Bezug zur realen Welt, allein im Himmel der mathematischen Fiktionen.

Was sich Mathematiker auch immer ausdenken: Zuerst interessiert die grundlegende Frage nach der (logischen) *Existenz*, ob es das Gedachte also tatsächlich gibt, ohne Widersprüche zu erzeugen. Dann kommt die Frage nach der *Eindeutigkeit*; eindeutige Objekte und Elemente sind stets Angelpunkte bei der Untersuchung des gesamten Spektrums von Eigenschaften der gedachten Objekte. Für spezielle Objektkategorien kann ihre mathematische Erforschung Jahrhunderte dauern. Eines der wichtigsten Langzeitziele ist dabei die Lösung des *Klassifikationsproblems*: Welche unterschiedlichen Klassen eines definierten Objekts gibt es? Erst die weitgehende oder gar vollständige Kategorisierung ermöglicht eine befriedigende Übersicht.

Für die Gruppen wurde das Klassifikationsproblem endgültig 1980 gelöst: Seitdem weiß man, dass sich die einfachen Gruppen aus jenen Gruppen zusammensetzen, die die 18 regulären unendlichen Familien von Gruppen bilden, sowie aus 26 sporadischen Gruppen. Es gibt keine weiteren einfachen Gruppen! Ausgehend vom Gruppenbegriff, der nur durch ein paar einfache Eigenschaften festgelegt wird, ist dies das Ergebnis, welches in 500 Artikeln von mehr als 150 Autoren auf etwa 15 000 (ja, fünfzehntausend) Seiten in mathematischen Fachzeitschriften bewiesen wurde.

Ringe und Körper

Eine Gruppe (G, ✳) ist eine algebraische Struktur mit *einer* inneren Verknüpfung. Im täglichen Leben haben wir es aber oft mit Mengen zu tun, die mit *mehreren* inneren Verknüpfungen versehen sind. Betrachten wir die algebraische Struktur (R; +, •) als einfachste derartige Menge R mit zwei Verknüpfungen + und •; denken Sie dabei ruhig an die Menge der rationalen und reellen Zahlen und an die Addition und Multiplikation des gewöhnlichen Zahlenrechnens. Hier, wie in jeder algebraischen Struktur mit mehr als einer Verknüpfung, stellt sich die Frage, ob die Kombination der verschiedenen Verknüpfungen *verträglich* ist oder, im Gegenteil, zu «chaotischen Zuständen» führt, in denen dann praktisch gar nicht mehr kombiniert gerechnet – kreuz und quer verknüpft – werden kann.

Diese Frage wird dadurch gelöst, dass an die algebraische Struktur (R; +, •) Mindestanforderungen gestellt werden. Die folgende Definition eines Ringes erfüllt diese Mindestanforderungen. Eine algebraische Struktur (R; +, •) heißt ein *Ring*, wenn für irgendzwei Elemente $a, b \in R$ eine erste Verknüpfung $a + b \in R$ («Addition» genannt) und eine zweite Verknüpfung $a \cdot b \in R$ («Multiplikation» genannt) gegeben sind, die die folgenden Eigenschaften haben:

(R_1) $a + b = b + a$ (*kommutatives Gesetz der Addition*)

(R_2) $a + (b + c) = (a + b) + c$ (*assoziatives Gesetz der Addition*)

(R_3) Zu je zwei Elementen $a, b \in R$ gibt es ein Element $x \in R$, das der Gleichung $a + x = b$ genügt (*Umkehrbarkeit der Addition*)

(R_4) $a \cdot (b \cdot c) = (a \cdot b) \cdot c$ (*assoziatives Gesetz der Multiplikation*)

(R_5) $a \cdot (b + c) = a \cdot b + a \cdot c$ und $(b + c) \cdot a = b \cdot a + c \cdot a$
(*distributive Gesetze*)

Die Verknüpfungen + und • brauchen nicht immer die aus dem Rechnen mit Zahlen vertraute Bedeutung zu haben. Wir sprechen immer dann von einem *Ring*, wenn die fünf in unserer Definition genannten Eigenschaften für die Verknüpfungen erfüllt sind. Ist die Addition im Allgemeinen nicht umkehrbar, dann spricht man von einem *Halbring*, der also nicht etwa die Hälfte eines Rings ist. Zum Beispiel trägt die Menge der natürlichen Zahlen $\mathbf{N}$ eine Halbringstruktur.

Man beachte, dass die erste Verknüpfung (die Addition) für einen Ring nach (R_1) kommutativ sein muss, während die zweite Verknüpfung (die Multiplikation) nicht kommutativ zu sein braucht (das heißt, $a \cdot b$ kann, muss aber nicht gleich $b \cdot a$ sein). Deswegen stehen ja unter (R_5) zwei verschiedene distributive Gesetze. Gilt jedoch stets $a \cdot b = b \cdot a$, ist also auch die zweite Verknüpfung (die Multiplikation) kommutativ, so heißt der Ring selbst *kommutativ*.

Die anfangs gestellte Frage nach der *Verträglichkeit* der beiden Verknüpfungen in R wird durch die Distributivgesetze (R_5) beantwortet. Denn die sind es, die den Umgang der beiden Verknüpfungen mit den Elementen von R regeln.

Wir sehen, dass jeder Ring nach den Eigenschaften (R_1) bis (R_3) eine Abel'sche Gruppe bildet. Für die Ringe gelten deshalb alle für solche Gruppen gültigen Aussagen, zum Beispiel: *In jedem Ring gibt es genau ein Nullelement.* Das neutrale Element (Einselement) wird in Bezug auf die Addition ja als Nullelement bezeichnet und ist durch die Gleichungen

$$a + o = o + a = a$$

charakterisiert. Die Existenz eines Nullelements folgt auch aus der Regel (R_3), indem wir $a = b$ setzen. Aus den distributiven Gesetzen folgt für das Nullelement weiter

$$a \cdot o = o \cdot a = o$$

für alle Elemente a des Ringes. Schließlich ist noch zu bemerken, dass nach (R_4) für die Potenzen die folgenden Regeln gelten:

$$a^m \cdot a^n = a^{m+n} = a^n \cdot a^m;$$

in kommutativen Ringen ist außerdem

$$(a \cdot b)^m = a^m \cdot b^m.$$

Es ist nützlich zu wissen, dass aus den Ring-Axiomen (R_1) bis (R_5) nicht *alle* für das gewöhnliche Zahlenrechnen gültigen Gesetze abgeleitet werden können. Wir werden bald Ringe als Beispiel dafür anführen, dass darin nicht alle gewöhnlichen Operationen möglich sind.

Aus der Regel (R_3) folgt die Umkehrbarkeit der Addition. Hingegen haben wir keine Regel für die Umkehrbarkeit der Multiplikation. Doch damit wir wie gewohnt rechnen können, haben wir noch zwei Forderungen an einen Ring $(R; +, \cdot)$:
1. Auch die Multiplikation soll kommutativ sein (womit dann der Ring selbst *kommutativ* hieße), und
2. es soll durch jedes vom Nullelement verschiedene Element dividiert werden können (womit auch die Umkehrbarkeit der Multiplikation postuliert wäre).

Treffen diese beiden zusätzlichen Eigenschaften auf einen Ring zu, dann erhalten wir eine algebraische Struktur, die *Körper* heißt. (Im Allgemeinen ist also ein Körper stets ein Ring, aber nicht umgekehrt.)

Mit anderen Worten: Ein kommutativer Ring $(R; +, \cdot)$ heißt ein Körper, wenn es zu irgendzwei Elementen a und b aus R, $a \neq 0$, ein wohlbestimmtes Element x aus R gibt, für das $a \cdot x = b$ gilt. Noch etwas knapper: Ein Körper ist ein kommutativer Ring, in dem die Divisionsaufgabe $a \cdot x = b$ im Falle $a \neq 0$ genau eine Lösung hat.

Nachfolgend ein paar Beispiele:

1. $(\mathbf{Z}; +, \bullet)$ ist ein Ring, aber kein Körper. Zum Beispiel ist die Divisionsaufgabe $2x = 3$ in der Menge der ganzen Zahlen $\mathbf{Z}$ nicht lösbar. (Statt $2 \bullet x = 3$ schreiben wir kurz $2x = 3$.)

2. Ein weiterer Ring (den ich im Detail nicht beschreibe), der kein Körper ist, wird von der Menge der quadratischen Matrizen mit der Matrizenaddition und der Matrizenmultiplikation gebildet; es ist ein nichtkommutativer Ring.

3. $(\mathbf{Q}; +, \times)$, oder auch $(\mathbf{Q}; +, \bullet)$ geschrieben, sowie $(\mathbf{R}; +, \bullet)$ sind Körper. Auch die komplexen Zahlen $\mathbf{C}$ bilden einen Körper.

4. Ohne detaillierte Erklärung sei erwähnt, dass die Menge der Restklassen modulo 7 (Seite 43) einen Körper bildet. Auch jede Menge der Restklassen *nach einem Primzahlmodul* bildet einen Körper. (Dagegen bildet die Menge der Restklassen modulo 6 zum Beispiel nur einen Ring, aber keinen Körper. Weil 6 nicht prim ist, ist die Divisionsaufgabe nicht eindeutig lösbar.)

Es gibt eine große Anzahl algebraischer Strukturen mit speziellen Eigenschaften ihrer Verknüpfungen, die einen eigenen Namen tragen. Theoretisch könnten auch Sie eine spezielle Struktur definieren, mit Ihrem oder einem Phantasienamen versehen, dieses Gebilde nach allen Regeln der mathematischen Kunst studieren und die Ergebnisse irgendwann zu einer Theorie zusammenfassen. Die Frage ist nur, wie wichtig und zweckmäßig das definierte Gebilde ist und inwieweit die Erkenntnisse für die Lösung anstehender Probleme Tore aufzustoßen vermögen.

Allgemeine algebraische Strukturen (I-b)

Neben algebraischen Strukturen mit *inneren* Verknüpfungen auf einer Menge gibt es auch solche mit *äußeren* Verknüpfungen.

Unter einer *äußeren Verknüpfung* (auch *äußeren Komposition*) auf einer Menge $M \neq \emptyset$ mit dem *Operatorenbereich* $\Omega \neq \emptyset$ (Ω: «Omega») versteht man eine Abbildung

$$\curlywedge : \Omega \times M \to M$$

mit $(\alpha, x) \to \curlywedge (\alpha, x) = \alpha \curlywedge x \in M$ für $(\alpha, x) \in \Omega \times M$.

Die Elemente von Ω heißen *Operatoren*. Es kann auch sein, dass die Verknüpfung $\curlywedge$ nur auf eine Teilmenge $D \subset \Omega \times M$ definiert ist.

Nun folgen einige Beispiele von (algebraischen Strukturen mit) äußeren Verknüpfungen:

1. Die Multiplikation eines «Vektors» mit einem «Skalar» ist eine äußere Verknüpfung auf $\mathbf{R}^3$ mit dem Operatorenbereich $\mathbf{R}$. Ein *Vektor* $\mathbf{a}$ im dreidimensionalen (euklidischen) Raum $\mathbf{R}^3$ wird durch ein Tripel reeller Zahlen $\mathbf{a} = (x, y, z)$ beschrieben und oft durch einen Pfeil dargestellt, mit dem Anfang im Koordinatenursprung $(0, 0, 0)$ und mit der Pfeilspitze im Raumpunkt mit den Koordinaten x, y und z. (Im nächsten Abschnitt komme ich darauf zurück.) Als *Skalar* wird lediglich eine reelle Zahl $\alpha \in \mathbf{R}$ bezeichnet, mit der der Vektor $\mathbf{a}$ multipliziert wird. Das Ergebnis ist der Vektor $\alpha \cdot \mathbf{a} = (\alpha x, \alpha y, \alpha z)$, wiederum ein Element von $\mathbf{R}^3$.

2. D sei die Menge aller Drehungen in der Ebene um einen festen Punkt, und $\varphi \in D$ sei die Drehung um den (orientierten) Winkel φ. Dann ist

   $$\mathbf{Z} \times D \to D \text{ mit } (z, \varphi) \to z \cdot \varphi \in D \text{ für } (z, \varphi) \in \mathbf{Z} \times D$$

   eine äußere Verknüpfung von D mit dem Operatorenbereich $\mathbf{Z}$ der ganzen Zahlen.

3. Bezeichnen wir wieder mit $F_M = \{f \mid f \colon M \to M\}$ die Menge aller Abbildungen von M in M, dann ist

   $$F_M \times M \to M \text{ mit } (f, x) \to f(x) \in M \text{ für } (f, x) \in F_M \times M$$

eine äußere Verknüpfung auf M mit dem Operatorenbereich F_M. Sie ist auf ganz F_M und M definiert.

4. Jede innere Verknüpfung lässt sich auch als äußere Verknüpfung deuten, wenn man den ersten Faktor des kartesischen Produkts M × M als Operatorenbereich auffasst.

Nun können wir die allgemeinste Definition einer algebraischen Struktur formulieren:

Eine algebraische Struktur **A** *auf einer Menge* M *ist ein System von inneren und äußeren Verknüpfungen auf* M *(samt den dazu gehörenden Rechenregeln).*

(M, **A**) heißt dann Menge mit algebraischer Struktur. Häufig gibt man auch die Verknüpfungen explizit an und schreibt statt (M, **A**) etwa (M, ✳) oder (M; ⊕, ⊗) oder (M; min, max) usw. Auch der Operatorenbereich Ω wird manchmal in das symbolische System aufgenommen, zum Beispiel (M; +; Ω; ×); hier trennt er die äußere von der inneren Verknüpfung. Hauptsache, wir wissen, was gemeint ist.

Das wichtigste Beispiel einer speziellen und traditionsreichen algebraischen Struktur mit inneren und äußeren Verknüpfungen ist der *lineare Raum* oder *Vektorraum*. Er ist nicht nur das Studienobjekt der eigentlichen *linearen Algebra,* sondern auch der so genannten *analytischen Geometrie*, deren Sprache eben die der linearen Algebra ist. Ihm wird der nächste Abschnitt gewidmet. Doch zuvor möchte ich Ihnen noch ein anderes Beispiel einer algebraischen Struktur mit zwei inneren Verknüpfungen zeigen: den Verband.

Eine algebraische Struktur (V; ∧, ∨) heißt ein *Verband*, wenn für beliebige Elemente a, b, c ∈ V die folgenden Axiome gelten:

1. Beide Verknüpfungen sind kommutativ.
2. Beide Verknüpfungen sind assoziativ.
3. Es gelten die *Absorptionsgesetze* (auch *Verschmelzungsgesetze* genannt): a ∧ (a ∨ b) = a und a ∨ (a ∧ b)= a.

Interessant ist der Umstand, dass jeder Verband (V; ∧, ∨) als geordnete Menge (V; ≺) aufgefasst werden kann, wenn die Ordnungsrelation durch

a ≺ b genau dann, wenn a ∧ b = a

erklärt wird. Man könnte sagen: a kommt (in der Ordnung) vor b genau dann, wenn b von a (im Verband) absorbiert wird. Deshalb wird der Verband auch häufig als spezielle Ordnung definiert. Beispiele lassen sich leicht finden:

1. Auf Seite 74 haben wir die Teiler der natürlichen Zahl 210 durch einen Ordnungsgraphen repräsentiert. Die in diesem Graphen dargestellten Zahlen können wir als einen Verband deuten.

2. Es sei M eine beliebige (auch unendliche) Menge und **P**(M) ihre Potenzmenge. (**P**(M); ∩, ∪) ist ein Verband, wie man leicht nachprüfen kann.

Der Verband ist sicherlich ein erwähnenswertes Beispiel einer algebraischen Struktur, das zudem noch eine Brücke zu den Ordnungsstrukturen schlägt.

Vektorräume

Es sei (V; +, •) oder ausführlicher (V; +; K; •) eine algebraische Struktur mit der Trägermenge V, einer inneren Verknüpfung + (Addition), einem Operatorenbereich K, der ein Körper ist, und einer äußeren Verknüpfung • («Skalarmultiplikation», kurz Multiplikation).

(V; +; K; •) ist ein *Vektorraum* (*über* K, oder ein K-*Vektorraum*) mit Elementen **x, y, z,** … aus V, den *Vektoren*, wenn die folgenden Axiome unter (A), (B) und (C) erfüllt sind:

(A) Zu je zwei Vektoren **x, y** ∈ V gibt es einen Vektor **x** + **y**, die *Summe* von **x** und **y**, sodass

　(1) die Addition kommutativ ist, **x** + **y** = **y** + **x**,

(2) die Addition assoziativ ist, $\mathbf{x} + (\mathbf{y} + \mathbf{z}) = (\mathbf{x} + \mathbf{y}) + \mathbf{z}$,

(3) es genau einen Vektor $\mathbf{o} \in V$ gibt, den *Nullvektor*, und wobei stets $\mathbf{x} + \mathbf{o} = \mathbf{x}$ gilt ($\mathbf{x} \in V$), und

(4) zu jedem Vektor $\mathbf{x} \in V$ genau ein Vektor $(-\mathbf{x})$ existiert mit der Eigenschaft $\mathbf{x} + (-\mathbf{x}) = \mathbf{o}$.

(B) Zu jedem Paar $(\alpha, \mathbf{x})$, wobei $\alpha \in K$ ein Skalar ist und $\mathbf{x} \in V$ ein Vektor, gibt es einen Vektor $\alpha \cdot \mathbf{x}$ (kurz $\alpha\mathbf{x}$) in V, das *Produkt* von α und $\mathbf{x}$, sodass

(1) die skalare Multiplikation assoziativ ist, $\alpha(\beta\mathbf{x}) = (\alpha\beta)\mathbf{x}$, und

(2) $1\mathbf{x} = \mathbf{x}$ gilt für jeden Vektor $\mathbf{x}$ (1 ist das Einselement in K).

(C) Die Distributivgesetze gelten, das heißt,

(1) die Multiplikation mit Skalaren ist distributiv hinsichtlich der Vektoraddition, $\alpha(\mathbf{x} + \mathbf{y}) = \alpha\mathbf{x} + \alpha\mathbf{y}$, und

(2) die Multiplikation mit Vektoren ist distributiv hinsichtlich der Skalaraddition, $(\alpha + \beta)\mathbf{x} = \alpha\mathbf{x} + \beta\mathbf{x}$.

Diese Axiome erheben nicht den Anspruch, logisch unabhängig zu sein. Sie bilden vielmehr eine bequeme Charakterisierung eines Vektorraums und seiner Elemente.

Für den Fall, dass der Skalarkörper K (der Operatorenbereich) der Körper $\mathbf{R}$ der reellen Zahlen ist, wird V ein *reeller Vektorraum* genannt. Ganz ähnlich spricht man von *rationalen Vektorräumen*, wenn $K = \mathbf{Q}$ ist ($\mathbf{Q}$ ist ein Körper), sowie von *komplexen Vektorräumen* für $K = \mathbf{C}$ (die Menge $\mathbf{C}$ der komplexen Zahlen bildet ebenfalls einen Körper).

Jeder Körper K kann auch als Vektorraum über sich selbst gedeutet werden – also K als K-Vektorraum. Es ist auch gar nichts dagegen einzuwenden, wenn wir die Trägermenge V mit der Menge der reellen Zahlen $\mathbf{R}$ gleichsetzen oder mit der euklidischen Ebene $\mathbf{R}^2 = \mathbf{R} \times \mathbf{R}$ oder mit dem (dreidimensionalen) Raum $\mathbf{R}^3$ oder allgemeiner – Sie ahnen schon, wie es weitergeht – mit dem (n-dimensionalen) Raum $\mathbf{R}^n$ ($n \in \mathbf{N}$).

Im ersten Beispiel auf Seite 101 haben wir bereits einen Vektor **a** des $\mathbf{R}^3$ durch ein Tripel reeller Zahlen **a** = (x, y, z) beschrieben. Wir haben als Skalarbereich **R** gewählt, um die äußere Verknüpfung einzuführen, $\alpha\mathbf{a}$ = (αx, αy, αz) $\in \mathbf{R}^3$. Der Nullvektor **o** wird durch (0, 0, 0) $\in \mathbf{R}^3$ definiert.

Der Vektorraum ist eine strukturierte Menge, in die bereits einfache «Sachverhalte der wirklichen Welt» abgebildet werden können, in der schon einige (symbolische) Darstellungen und Lösungen möglich sind. Man denke etwa an die Darstellung physikalischer Gegebenheiten wie Kräfte oder an die Lösung eines einfachen Gleichungssystems ersten Grades, in dem also keine zweiten oder höheren Potenzen der Unbekannten auftreten. Solche Gleichungssysteme bezeichnet man als *linear*, und die Vektorräume (lineare Räume) sind *die* Strukturen, in denen sie untersucht und möglicherweise gelöst werden können.

Die Behandlung linearer Gleichungssysteme war der geschichtliche Ausgangspunkt der Linearen Algebra, die dann als Theorie der Vektorräume (und später als Theorie der – allgemeineren – Moduln) zu einer eigenständigen mathematischen Disziplin wurde. *Die Vektorräume sind nämlich diejenigen algebraischen Strukturen, deren strukturtreue Abbildungen (Morphismen) gerade jene linearen Abbildungen sind.* Matrizen und Determinanten (auf die ich nicht eingehe) gehören zum Handwerkszeug der Linearen Algebra.

Mit Hilfe von Begriffen wie *Linearkombination* (von Elementen aus S $\subseteq$ V durch Kombinationen mittels den definierten Verknüpfungen im K-Vektorraum), *lineare Unabhängigkeit* (zwischen Vektoren) und *Erzeugendensystem* (von V aus T heraus, T $\subseteq$ V) gelangt man zum Satz, dass jeder K-Vektorraum eine *Basis* besitzt – ein minimales Erzeugendensystem des gesamten Vektorraums. Und dieser Begriff der Basis führt zu jenem der *Dimension* eines Vektorraumes. (Zum Beispiel ist der oben erwähnte Vektorraum $\mathbf{R}^3$ *dreidimensional*, weil hier jeder Vektor **x** $\in \mathbf{R}^3$ als *Linearkombination* der *drei Basisvektoren*

$\mathbf{i} = (1, 0, 0), \mathbf{j} = (0, 1, 0)$ und $\mathbf{k} = (0, 0, 1)$

darstellbar ist – wie sich ein phantasiebegabter Leser auch ohne erschöpfende Definitionen intuitiv ausmalen kann.)

Allgemeine algebraische Strukturen (II)

Die Aufgabe der Algebra besteht in der Untersuchung von (konkreten und abstrakten) algebraischen Strukturen. Das wichtigste Hilfsmittel dabei sind, wie wir wissen, die Morphismen.

So wie die Morphismen der Ordnungsstrukturen *isotone Abbildungen* heißen (und diejenigen der topologischen Strukturen *stetige Abbildungen* – dazu werden wir im nächsten Kapitel kommen), so haben auch die Morphismen einer algebraischen Struktur einen eigenen Namen: Sie heißen *Homomorphismen*. Hier die genaue Definition:

(M, **A**) und (N, **B**) seien Mengen mit algebraischer Struktur. Eine Abbildung f: M → N heißt *Homomorphismus*,

(1) wenn es zu jeder inneren Verknüpfung ● aus **A** eine innere Verknüpfung ○ aus **B** gibt, sodass gilt: $f(x ● y) = f(x) ○ f(y)$ für alle $x, y \in M$, und

(2) wenn es zu jeder äußeren Verknüpfung ■ aus **A** eine äußere Verknüpfung □ aus **B** mit gleichem Operatorenbereich Ω gibt, sodass gilt: $f(\alpha ■ x) = \alpha □ f(x)$ für alle $\alpha \in \Omega, x \in M$.

Entspannen Sie sich: Es ist alles nicht so kompliziert, wie es scheint. Beide Teile der Definition können leicht verständlich bebildert werden.

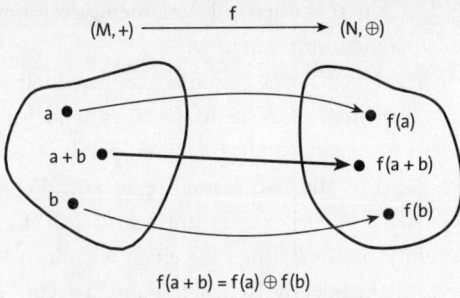

$$f(a + b) = f(a) \oplus f(b)$$

Die vorangegangene Skizze veranschaulicht einen Homomorphismus zwischen algebraischen Strukturen (M; +) und (N; ⊕) mit *inneren Verknüpfungen.*

Besitzen die Strukturen auch äußere Verknüpfungen mit dem (gemeinsamen) Operatorenbereich Ω, dann wird Teil (2) der Definition durch die folgende Darstellung veranschaulicht:

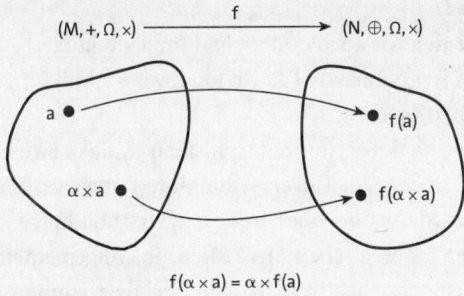

$$f(\alpha \times a) = \alpha \times f(a)$$

Manchmal werden die Homomorphismen auch spezifiziert, je nachdem, zwischen welchen algebraischen Strukturen sie wirken. So spricht man etwa von Gruppen- und Ringhomomorphismen. Die Homomorphismen der Vektorräume heißen *lineare Abbildungen* (und beschäftigen einen Mathematikstudenten ganz schön – zumindest in seinem ersten Studienjahr).

Beim Überfliegen des Textes mag das alles furchtbar kompliziert aussehen, ist es aber im Grunde nicht. Denn es handelt sich ja nicht einmal um Berechnungen, sondern nur um präzise Gedanken und differenzierte Begriffe, die naturgemäß eine künstliche Symbolik benötigen. Gerade *weil* alles so fein präzisiert wird, sind die Sachverhalte sehr einfach. Ein Beispiel für einen wichtigen Homomorphismus (der zudem bijektiv ist!) liefert uns die gute alte Schulmathematik: Haben wir nicht alle noch vage in Erinnerung, dass der «Logarithmus eines Produktes» gleich der «Summe der Logarithmen der Faktoren» ist? Na also, da haben wir ihn ja schon, den Homomorphismus aus dem Schulunterricht: Es sei $R^+ = \{x \mid x \in R, x > 0\}$, also die Menge der streng positiven reellen Zahlen. Die Abbildung

$$\log: (R^+, \times) \to (R, +) \text{ mit } a \to \log a \in R \text{ für } a \in R^+$$

ist ein Homomorphismus, denn es gilt

$$\log (a \times b) = \log a + \log b.$$

(Für × schreiben wir auch • oder · und für a × b kurz a b.) Die Abbildung log ist ferner bijektiv (die zu log inverse Abbildung ist die Exponentialfunktion exp).

Nun haben bijektive Homomorphismen eine ganz wichtige Eigenschaft: Ihre Umkehrung (inverse Abbildung) ist ebenfalls ein Homomorphismus (das ist bei bijektiven stetigen Abbildungen, den Morphismen der topologischen Strukturen, im Allgemeinen nicht der Fall, wie wir noch sehen werden). Ein bijektiver Homomorphismus heißt auch *Isomorphismus*; dies bedeutet völlige Strukturgleichheit. (Stellen Sie sich einen Roman vor und dann eine Verfilmung dieses Romans. Unabhängig von den spezifischen Ausdrucksmitteln der beiden Kunstformen weicht der Film mehr oder weniger stark vom Roman ab; man könnte das «filmische Abbild» des Romans als homomorph, verwandt, bezeichnen. Wenn jedoch alles Wesentliche sich in beiden Kunstformen entspricht, dann wäre das so etwas wie ein Isomorphismus, eine Struktur*gleichheit* – zumindest bezüglich der Aspekte, die als wesentlich angesehen werden.)

Da wir $(\mathbf{R}, +)$ und $(\mathbf{R}^+, \times)$ bereits als Gruppen kennen gelernt haben, handelt es sich also um *isomorphe* Gruppen. Und solche sind im Wesentlichen vollkommen gleich (und nicht bloß *homomorph*), auch wenn sie unter verschiedenen Formen in Erscheinung treten, zum Beispiel einmal als Gruppe von Drehungen und einmal als Gruppe von Matrizen. Die Isomorphie wird durch $(\mathbf{R}, +) \cong (\mathbf{R}^+, \times)$ ausgedrückt; sie ist eine Äquivalenzrelation.

Spezielle Isomorphismen sind die so genannten *Automorphismen*, die eine strukturierte Menge isomorph auf sich abbilden. Die Menge aller Automorphismen einer strukturierten Menge bildet bezüglich der Komposition (Hintereinanderausführung) von Abbildungen eine Gruppe, die *Automorphismengruppe*. (Man denke stets daran, dass eine «Menge» im Allgemeinen nicht näher spezifiziert ist – dass sie demnach zum Beispiel auch eine Menge von Abbildungen oder Funktionen sein kann. Andererseits haben wir die Komposition von Abbildungen bereits als Verknüpfung kennen gelernt. Nun braucht man nur mehr «eins und eins zusammenzuzählen» und fragen: Trägt diese oder jene Menge von Abbildungen – mit der Komposition als Verknüpfung – eine spezielle algebraische Struktur?)

Strukturtreue Abbildungen machen die enorme Reichweite der mathematischen Denkweise sowie die Mächtigkeit ihrer Sprache deutlich: Wenn ein spezielles Problem innerhalb einer Struktur gelöst ist, kann die Lösung in alle strukturgleichen Mengen abgebildet werden – wo sie auch Lösungen für die dort vorhandenen, entsprechenden Probleme liefert. Das ist ein ganz wichtiger «Multiplikatoreffekt», denn damit kann in ökonomischster Weise stets ein ganzer Schwung spezieller Probleme in (äußerlich) unterschiedlichsten Umgebungen gelöst werden.

Ausgezeichnete Teilmengen:
Topologische Strukturen

Wir kommen nun zum mathematischen Gebiet, mit dem der Laie vermutlich am wenigsten «anfangen» kann. Fast alles scheint sich seinem Verständnis zu widersetzen, vieles zerrinnt wieder, bevor es in den grauen Zellen angekommen ist, und manchmal mag ihn beim Verstehenwollen das ohnmächtige Gefühl überkommen, jetzt gelte es, einen Pudding an die Wand zu nageln.

Aber vielleicht irre ich mich, und das trifft auf Sie alles gar nicht zu (das würde mich sehr freuen). Immerhin haben Sie schon eine sehr vertraute Vorstellung von Mengen und Abbildungen sowie eine gewisse Routine im Umgang mit ihnen. Verstehen ist immer auch eine Sache der Gewöhnung. Wir alle haben schon mal erhebliche Schwierigkeiten, exzentrische Ideen oder Theorien zu erfassen, wenn wir damit im Alltag kaum etwas zu tun haben. Das gilt auch für die Topologie – eine höchst ungewöhnliche, exotische Art der Geometrie.

Das Ungewohnte besteht darin, die vertrauten und offensichtlichen Erscheinungen von Form und Größe von geometrischen Gebilden *nicht* zu beachten und stattdessen eine Reihe oft gar nicht sichtbarer, sondern beinahe versteckter Eigenschaften zu berücksichtigen, die ungewohnte Gedankenexperimente – fiktive Konstruktionen – erfordern. Das mag gelegentlich sehr kompliziert erscheinen, ist es aber im Grunde nicht – nur, wie gesagt, ungewohnt. Da man ungewohnte Gedankengänge aber nicht beliebig durch gewohnte ersetzen kann – sonst würde ihnen ja nichts Ungewöhnliches anhaften –, gibt es leider keinen Königsweg zum Verständnis mathematischer Fiktionen. Auch für Berufsmathematiker waren die von der Topologie geforderten Überlegungen lange Zeit ungewohnt und daher schwierig. Schließlich ist dieser Wissenschaftszweig mit knapp hundert Jahren im Vergleich zur Geometrie Euklids noch blutjung.

Die Topologie (griechisch *topos*: Ort oder Stelle, und *logos*: Kunde) hat sich als ein eigenes, wichtiges mathematisches Gebiet entwickelt. Die zentrale Frage, um die es geht: Welche Eigenschaften eines geometrischen (oder geometrisch deutbaren) Objekts bleiben beständig *(invariant)*, wenn es «plastisch verformt» wird? (Das klingt schon rätselhaft, ja fast schizophren, wie etwa: Was ändert sich nicht, wenn sich alles ändert? Auch die «plastische Verformung» ist verdächtig: «Wir leben doch nicht in einer Welt aus Knetmasse», mögen Sie denken.)

Als Veränderung ist (vorerst nur) Verbiegen, Dehnen, Zusammendrücken und Verdrehen erlaubt – die spezifischen Elemente einer plastischen Verformung, auch *topologische Transformation* oder *stetige Abbildung* genannt. Es wird vorausgesetzt, dass das deformierte Objekt vollkommen elastisch ist und beliebig viele solcher Manipulationen unbeschadet übersteht. (Versuchen Sie aber trotzdem nicht, jemanden den Hals umzudrehen, das Ganze findet nur gedanklich statt.)

Topologie ist also die Geometrie von Gebilden, die sich mit Eigenschaften befasst, die durch plastische Verformung (dieser Gebilde) nicht zerstört werden – *die unter topologischen Transformationen (stetigen Abbildungen) invariant bleiben*. Eine derartige Eigenschaft stellt eine topologische Invariante dar – es ist eine tief liegende geometrische Eigenschaft des Gebildes. Dem Ausdruck «plastische Verformung» verdankt die Topologie ihren Spitznamen «Gummigeometrie». Beispielsweise behalten beliebige Punkte auf der Oberfläche eines Reifens ihre relative Position zueinander, gleich, wie stark der Reifen gedehnt, verbogen oder verdreht wird; die *Nachbarschaftsbeziehungen* der Punkte bleiben bestehen. Statt Gummigeometrie könnten wir auch Nachbarschafts- oder Umgebungsgeometrie sagen.

Plastische Verformungen schließen also (vorerst) jene Operationen aus, bei denen das Objekt – immer gedanklich – aufgeschnitten oder zerrissen wird. Dagegen ist das Aufschneiden eines Gebildes durchaus gestattet, um eine bestimmte Transformation durchzuführen, *die anders nicht möglich wäre.* Voraussetzung ist, dass die aufgeschnittenen Kanten anschließend wieder so zusammengefügt und «geklebt» werden, dass die Punkte, die vor dem Aufschneiden nahe beieinander waren, auch hinterher benachbart sind. Topologen bewerkstelligen diese Operationen (plastisches Verformen, Aufschneiden und Kleben) formal-rechnerisch.

Eine elementare Vorstufe ähnlicher, aber ungleich zahmerer Kalkültechniken erlebt im Prinzip bereits der Gymnasiast mit der Einführung in das Gebiet der konvergenten Folgen und in die Differentialrechnung für Funktionen einer reellen Veränderlichen. Jeder wesentliche Rechenschritt wird durch «Grenzübergänge» vollzogen – durch beliebige Annäherungen an eine zu untersuchende Stelle.

Wenn die Topologie eine Art Gummigeometrie ist, was unterscheidet sie dann von der vertrauteren, starren euklidischen? Geometrie bedeutete ursprünglich Vermessung der Erde. Dies waren die Wurzeln der späteren Geometrie Euklids, von den alten Ägyptern vor mehr als zweieinhalbtausend Jahren entwickelt, um Land vermessen und Häuser bauen zu können. Entfernungs- und Winkelmessungen stehen hier im Vordergrund, die «Metrik» (oder Abstandsfunktion) regiert. Doch bei der Topologie ist das anders: Spezielle äußere Form, Ausdehnung und Abstände sind unwesentlich.

Die Topologie untersucht die invarianten Aspekte der geometrischen Existenz, und für sie ist zum Beispiel ein Kreis lediglich ein Repräsentant einer *einfach geschlossenen Kurve* mit einem eindeutigen Inneren und Äußeren (diese Eigenschaft wird durch den «Jordan'schen Kurvensatz», benannt nach Camille Jordan, bewiesen). Ein anderer Repräsentant dieser Spezies ist beispielsweise die folgende *einfach geschlossene Kurve,* die die Ebene ebenfalls in Innen und Außen teilt. Liegt P innen oder außen? Und Q?

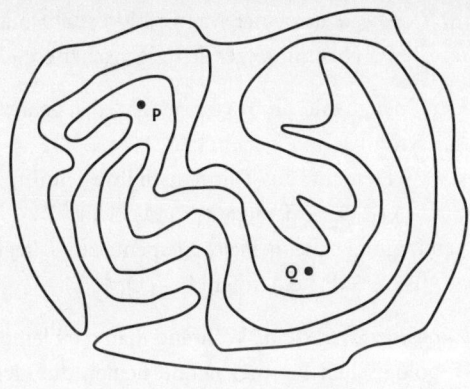

Topologisch gesehen spielt es keine Rolle, ob wir eine derartige Kurve betrachten oder eine Ellipse oder einen einfachen Kreis. Dies bedeutet aber, dass wir komplexe Gebilde mit Hilfe strukturtreuer topologischer Transformationen auf einfache, überschaubare Figuren bringen, also Komplexes auf Einfaches reduzieren können – ohne Verlust der wesentlichen Details. Die Abstraktion als Vereinfachungsprozess.

Allgemeine topologische Strukturen (I)

Wir strukturieren nun eine Menge, indem wir gewisse ihrer Teilmengen irgendwie «hervorheben». Liegt eine Menge M, die Trägermenge, vor, so können wir gewisse Elemente ihrer Potenzmenge **P**(M) auszeichnen und zu einem Mengensystem **T** ⊆ **P**(M) zusammenfassen. Allerdings bringt es nichts, wenn wir die Elemente von **T** (die ausgezeichneten Teilmengen von M) etwa zufällig auswählen. Wenn aber die Elemente von **T** gewisse nützliche Bedingungen erfüllen, nennt man **T** eine «Topologie». (Auf die versprochene Nützlichkeit komme ich später zurück – bestimmt.)

Unter einer *Topologie* auf einer Menge M versteht man nun ein Mengensystem $T \subseteq P(M)$ mit folgenden Eigenschaften:

(T_1) Die leere Menge und die Trägermenge selbst gehören zum Mengensystem T (in Zeichen: $\emptyset \in T$, $M \in T$).

(T_2) Für je zwei Elemente aus T liegt auch ihre Schnittmenge in T (kurz: Aus $O_1, O_2 \in T$ folgt $O_1 \cap O_2 \in T$).

(T_3) Die Vereinigung beliebig vieler Elemente aus T liegt in T (kurz: Aus $O_i \in T$, $i \in I$, folgt $\cup_{i \in I} O_i \in T$).

(M, T) heißt *topologischer Raum*. Während man die Elemente von M *Punkte* des topologischen Raumes nennt, heißen die Elemente der Topologie T *offene Mengen* in (M, T).

Man erhält also einen topologischen Raum dadurch, dass man gewisse Teilmengen der Trägermenge M – unter ihnen $\emptyset$ und M selbst – *auszeichnet* (sie mit dem Adjektiv «offen» belegt), sodass der Durchschnitt endlich vieler und die Vereinigung beliebig vieler offener Mengen wieder offen sind.

Das sind doch überschaubare, einfache Spielregeln – wenn auch noch nicht ersichtlich ist, was damit bezweckt wird. Denn aus diesen Topologie-Axiomen offenbart sich noch nicht, was Sie mit den eingangs vorgeführten plastischen Verformungen zu tun haben. Aber das sind wir von der Mathematik als Wissenschaft formaler Systeme gewohnt: Sie geht von einem quadratischen Stück Papier aus und startet in eine abstrakte Welt von Symmetriegruppen – oder auch umgekehrt: Sie schwebt über abstrakte Begriffe und landet schließlich punktgenau auf einer einfachen Rechenregel wie etwa $a^m a^n = a^{m+n}$ oder $\log(xy) = \log x + \log y$. Doch in der Topologie ist alles noch eine Spur ungewohnter. Der konkrete, aber doch vage Grundgedanke, geometrische Gebilde plastisch so zu verformen, dass gewisse (wenig greifbare) Eigenschaften erhalten bleiben, ist in den Axiomen direkt nicht zu finden, da hier von geometrischen Gebilden wiederum abstrahiert wird und stattdessen Mengen in größter Allgemeinheit betrachtet werden. Es gibt aber eine Brücke – eine begehbare – zwischen den Axiomen und den konkreten Sachverhalten. Auch wenn sie jetzt noch größtenteils im Nebel liegt, werden wir ihre Umrisse nach und nach klarer erkennen können. Spätestens, wenn wir darauf gehen.

Aber gibt es topologische Räume überhaupt? Oder ist hier eine «Eier legende Wollmilchsau» definiert worden?

Nehmen wir versuchsweise die leere Menge $\emptyset$ als Trägermenge M: Deren Potenzmenge $\mathbf{P}(\emptyset)$ ist gleich $\{\emptyset\}$ und enthält daher *ein* Element, nämlich die leere Menge – die ja Teilmenge jeder Menge und auch ihrer selbst ist. Sie muss das Prädikat «offen» erhalten, da sie nach Axiom (T_1) in jedem topologischen Raum als offen zu gelten hat. Dann kann das Mengensystem $\mathbf{T}$ nur die Potenzmenge $\mathbf{P}(M)$ sein. Auch die übrigen Axiome sind erfüllt – trivialerweise, könnte man sagen, da der Durchschnitt und die Vereinigung leerer Mengen wieder leer sind. Folglich ist $\mathbf{T}$ eine Topologie und $(\emptyset, \mathbf{T}) = (\emptyset, \{\emptyset\})$ ein topologischer Raum – wenn auch kein ergiebiger. (Zugegeben, das Beispiel ist etwas skurril, aber dennoch formal richtig. Das genügt für die Existenz.)

Doch beschränken wir unser Augenmerk nicht mehr nur auf die leere Menge. Da das Mengensystem $\mathbf{T} \subseteq \mathbf{P}(M)$ durch die Axiome (T_1) bis (T_3) nicht eindeutig festgelegt ist, lassen sich auf einer Trägermenge im Allgemeinen verschiedene Topologien definieren; das heißt, eine Menge M (mit mindestens zwei Elementen) kann in verschiedener Weise «topologisiert» werden. Man erhält dann natürlich auch verschiedene topologische Räume.

Dieser Umstand führt zu der Frage, inwieweit verschiedene Topologien auf derselben Trägermenge M, etwa $\mathbf{T}_1$ und $\mathbf{T}_2$, vergleichbar sind. Es sind sicher Topologien denkbar, die nicht vergleichbar sind, weil sie in $\mathbf{P}(M)$ mengenmäßig keine oder kaum eine erwähnenswerte Beziehung zueinander haben – mit Ausnahme der Tatsache, dass beide Topologien jeweils die Elemente $\emptyset$ und M enthalten, weil dies ja von jeder Topologie auf M verlangt wird. Ist jedoch eine Topologie in einer anderen enthalten, etwa $T_1 \subseteq T_2$, so heißt T_1 *gröber* als T_2 beziehungsweise T_2 *feiner* als T_1.

Zwischenbemerkung: Hier, in der topologischen Welt, wo sich Eindeutigkeiten nicht sehr häufig aus den Axiomen ergeben, ahnt man schon größere Freiheitsgrade als bei der Strukturierung durch eine Verknüpfung. Die Eindeutigkeit des Einselements zum Beispiel ist eine Konsequenz der Gruppenaxiome, welche die algebraische Struktur viel stärker festzuzurren scheinen.

Beispiele topologischer Räume

1. M sei eine Menge. Dann ist ihre Potenzmenge $P(M)$ die feinste Topologie auf M. Sie heißt die *diskrete Topologie*, weil jede einelementige Menge offen ist.

2. M sei eine Menge. Dann ist $I = \{\emptyset, M\}$ die gröbste Topologie auf M. Sie heißt die *triviale* (oder *indiskrete*) *Topologie*, weil keine echte und nichtleere Teilmenge von M offen ist (das heißt, es gibt keine Teilmenge $U \subseteq M$ mit: $U \neq M$, $U \neq \emptyset$ und $U \in I$).

3. M sei eine Menge; T_1, T_2 seien Topologien auf M. Dann ist auch der Durchschnitt $T_1 \cap T_2$ eine Topologie auf M. Sie ist die feinste Topologie auf M, die gröber ist als jede Topologie T_i $(i = 1, 2)$. (Anmerkung: Die *Vereinigung* von Topologien auf einer Menge ist im Allgemeinen keine Topologie.)

4. R sei die Menge der reellen Zahlen. Wir betrachten nun das folgende Mengensystem $\Re$. Die Teilmenge $O \subseteq R$ soll Element von $\Re$ sein $(O \in \Re)$, wenn es zu jeder reellen Zahl $x \in O$ ein (offenes) Intervall $I = \{y \mid a < y < b \text{ mit } a, b \in R\}$ gibt, sodass $x \in I \subseteq O$ gilt. [Diese Definition ist sehr wichtig: Jedes Element einer offenen Menge O muss in einem Intervall der Gestalt I liegen, das seinerseits wiederum Teilmenge von O ist. Man könnte auch sagen: Jedes Element x einer offenen Menge O liegt in einer (offenen)

Umgebung U(x), die wiederum in O liegt. Wir können U(x) mit dem «elementaren» Intervall I identifizieren. In letzter Konsequenz gehören auch diese Intervalle I beziehungsweise Umgebungen U(x) zum Mengensystem $\mathfrak{R}$.]

$\mathfrak{R}$ ist eine Topologie auf **R**. Sie besteht aus dem System der offenen Teilmengen des **R** und heißt die *natürliche Topologie*, weil (**R**, $\mathfrak{R}$) der topologische Raum ist, der in der reellen Analysis untersucht wird.

5. Wenn von einem topologischen Raum (M, **T**) und von seinen «Punkten» x ∈ M die Rede ist, denke man stets daran, dass M als (abstrakte) Menge nicht näher spezifiziert ist; dass demnach M zum Beispiel auch eine Menge von Abbildungen oder Funktionen sein kann. Tatsächlich werden in der Topologie auch «Funktionenräume» studiert – auf die ich im letzten Kapitel (Räume) näher eingehe.

Die Bezeichnung «offen» für Elemente einer Topologie auf einer Menge ist, streng formal betrachtet, willkürlich. Wir könnten dafür auch «sonnig», «süß», «bitter», «teuflisch» oder «abgeschlossen» sagen. Eine Umbenennung würde nicht einen einzigen Gedanken des Topologie-Gebäudes ungültig machen.

Apropos «abgeschlossen»: Steht diese Bezeichnung nicht in einem gewissen Gegensatz zu «offen»? Immerhin kann es ja Teilmengen der Trägermenge geben, die nicht Elemente der Topologie sind, die also nicht als «offen» gelten. Sind die etwa «abgeschlossen»? Das Adjektiv «abgeschlossen» hat tatsächlich eine topologische Bedeutung, die durch folgende Definition festgelegt wird:

(M, **T**) sei ein topologischer Raum und A ⊆ M. Die Teilmenge A heißt *abgeschlossen*, wenn das Komplement M \ A offen ist, wenn also gilt: M \ A ∈ **T**. (Das Komplement von A ist die Differenzmenge bezüglich der Trägermenge M.)

Wie sieht es nun mit einzelnen Elementen einer Topologie hinsichtlich Offenheit und Abgeschlossenheit aus? Intuitiv könnte man meinen, abgeschlossen ist, was nicht als offen deklariert wurde. Sehen wir einmal nach, und zwar bei der gröbsten, der trivialen Topologie $I = \{\emptyset, M\}$ (Beispiel 2). $\emptyset$ und M sind also offen – wie in jeder Topologie. Das Komplement von $\emptyset$ ist M, und dasjenige von M ist $\emptyset$, und diese Komplemente sind nach obiger (widerspruchsfreier) Definition eindeutig abgeschlossen …

Donnerwetter! Wie ist das möglich? Oder hat uns die Intuition hier einen Streich gespielt? Jawohl, so ist es. (Wenn jemand an Paranoia leidet, ist das auch noch kein Beweis dafür, dass er *nicht* verfolgt wird.)

Die Begriffe «offen» und «abgeschlossen» bilden zwar eine Dualität, aber keinen krassen logischen Gegensatz. Die Trägermenge und die leere Menge sind nämlich in *jeder* Topologie sowohl offen als auch abgeschlossen. Und in einer diskreten Topologie ist sogar *jede* offene Menge abgeschlossen. (Dazu ist keine Denkakrobatik notwendig, sondern lediglich einfaches logisches Vergleichen und Folgern. Denken Sie daran, wenn Ihnen intuitiv einmal etwas unstimmig erscheint.)

Rund um Teilmengen eines topologischen Raumes ergeben sich zahlreiche Begriffe und Präzisierungen, auf die ich nicht näher eingehen will. Von einigen sollte man aber wenigstens einmal den Namen gehört haben. Ist A eine Teilmenge der Trägermenge M eines topologischen Raumes $(M, \mathbf{T})$, dann können – und müssen – Begriffe definiert werden wie der «offene Kern von A», die «abgeschlossene Hülle von A», der «Rand von A» und so weiter.

Es wäre nun irrig zu denken, diese «Bestandteile» von A würden auch stets zu A gehören: Der «Rand» (Symbol: ∂) des offenen Intervalls $I = \{x \mid x \in \mathbf{R}, 0 < x < 1\}$ besteht nur aus den Punkten 0 und 1, kurz $\partial I = \{0, 1\}$, und die gehören gar nicht zum Intervall I.

An mehreren Stellen habe ich sinngemäß angedeutet, dass topologische Räume tendenziell nicht so «eingeschränkt und festgezurrt» sind wie algebraische Strukturen. So ist wohl auch zu erwarten, dass sich viele zusätzliche Forderungen anbieten, die die topologischen Räume *bereichern* – und damit letztlich eine größere Annäherung an die komplexe Wirklichkeit bewirkt wird.

Zahlreiche zusätzliche Forderungen können sich zum Axiomensystem (T_1) bis (T_3) gesellen und spezielle topologische Räume entstehen lassen. Alle Eigenschaften und Aussagen, die für die allgemeinen Räume bewiesen wurden, treffen selbstverständlich auch für alle spezielleren Räume zu. Für letztere gelten jedoch darüber hinaus auch alle Folgerungen, die unter Berücksichtigung der zusätzlich postulierten Eigenschaften gewonnen werden. Man erhält so ein ziemlich komplexes Netzwerk von Räumen.

Als Beispiel für eine einfache «Spezialisierung» führe ich den so genannten Hausdorff-Raum an (auch *separierter* Raum).

Ein topologischer Raum $(M, \mathbf{T})$ heißt *Hausdorff-Raum* (oder *separiert*), wenn je zwei verschiedene Punkte des topologischen Raumes disjunkte Umgebungen besitzen. Zu $x_1, x_2 \in M, x_1 \neq x_2$, gibt es also nach diesem «Hausdorff'schen Trennungsaxiom» stets (offene) Umgebungen $O_1, O_2 \in \mathbf{T}$ $(x_1 \in O_1, x_2 \in O_2)$ mit $O_1 \cap O_2 = \emptyset$.

Wozu dieses Trennungsaxiom gut sein soll? Beim Studium von Folgen f: $N \to M$, wobei $(M, \mathbf{T})$ ein topologischer Raum ist, sorgt es für die Eindeutigkeit des *Grenzwertes* einer *konvergenten* Folge (die topologische Struktur ist grundlegend für den Konvergenzbegriff; auf die Begriffe «konvergente Folge» und «Grenzwert» komme ich im Kapitel über die reellen und komplexen Zahlen zurück). Mit anderen Worten: In einem allgemeinen topologischen Raum – Axiome (T_1) bis (T_3) – ist der Grenzwert einer konvergenten Folge nicht zwingend eindeutig, wohl aber in jedem separierten Raum, in dem also zusätzlich das Hausdorff'sche Trennungsaxiom gilt – wie wir es im topologischen Raum $(\mathbf{R}, \mathfrak{R})$ der reellen Analysis auch gewohnt sind. Zu den separierten oder Hausdorff-Räumen gehören die so genannten metrischen Räume, die ich im letzten Kapitel (Räume) definiere.

Außer dem Hausdorff'schen Trennungsaxiom gibt es weitere Arten von Trennungsaxiomen, die jeweils zu anderen speziellen topologischen Räumen führen, wie etwa zu den «normalen», «vollständig regulären» und «regulären» Räumen.

Axiome, die andere Arten von Eigenschaften fordern, lassen eine weitere Vielfalt von Räumen entstehen: «zusammenhängende», «wegzusammenhängende», «kompakte», «lokalkompakte», «parakompakte», «metrisierbare» etc. [Diese Eigenschaften gehören zu den *topologischen Invarianten*. Eine topologisch invariante Eigenschaft ist dadurch gekennzeichnet, dass sie sich nicht ändert, wenn der topologische Raum strukturgleich auf einen anderen abgebildet wird – wenn zum Beispiel ein geometrisches Gebilde plastisch verformt wird. Eine herausragende Bedeutung haben diejenigen topologischen Invarianten, die auch bei der Anwendung strukturerhaltender («stetiger», siehe nächsten Abschnitt) Abbildungen invariant bleiben – man nennt sie die *stetigen Invarianten*.]

Allgemeine topologische Strukturen (II)

Die Aufgabe der Topologie besteht in der Untersuchung von (konkreten und abstrakten) topologischen Strukturen. Das wichtigste Hilfsmittel dabei sind, wie wir schon oft gesehen haben, die Morphismen.

So wie die Morphismen der Ordnungsstrukturen *isotone Abbildungen* heißen und diejenigen der algebraischen Strukturen *homomorphe Abbildungen* oder *Homomorphismen*, so haben auch die Morphismen einer topologischen Struktur einen eigenen Namen: sie heißen *stetige Abbildungen*. Hier die genaue Definition:

$(X, \mathbf{X})$, $(Y, \mathbf{Y})$ seien topologische Räume, f: $X \to Y$ eine Abbildung; man schreibt dann auch f: $(X, \mathbf{X}) \to (Y, \mathbf{Y})$.

Die Abbildung f heißt *stetig*, wenn das Urbild jeder offenen Menge wieder offen ist. Kurz:

Aus $O \in \mathbf{Y}$ folgt $f^{-1}[O] \in \mathbf{X}$.

(Für den Begriff «Urbild» und seine Notation siehe Seite 49.)

Nachfolgend eine Skizze zur Definition des zentralen Begriffs der Stetigkeit.

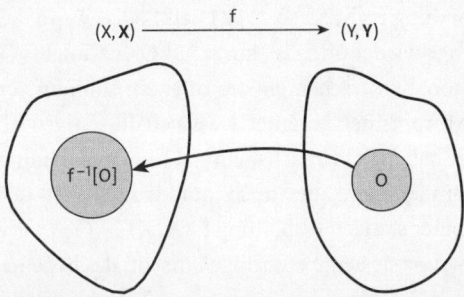

Beispiele und ein paar elementare Eigenschaften

1. Trägt X die diskrete oder Y die indiskrete (triviale) Topologie, so ist jede Abbildung f: X → Y stetig.

   Trägt X die triviale und Y die diskrete Topologie, so sind nur die konstanten Abbildungen k: X → Y stetig.

   Die Stetigkeit einer Abbildung hängt also sowohl von der Topologie des Urbildraumes X als auch von der des Bildraumes Y ab.

2. $(M, \mathbf{T}_1)$, $(M, \mathbf{T}_2)$ seien topologische Räume mit der gleichen Trägermenge M. Die identische Abbildung id_M: M → M ist dann und nur dann stetig, wenn $\mathbf{T}_1 \supseteq \mathbf{T}_2$ gilt, das heißt, wenn die Topologie des Urbildraumes feiner ist als die Topologie des Bildraumes.

3. $(X, \mathbf{X})$, $(Y, \mathbf{Y})$ seien topologische Räume.

   Ist eine Abbildung f: X → Y stetig, so bleibt sie stetig, wenn man die Topologie auf X feiner oder die Topologie auf Y gröber wählt.

   Sei g: X → Y nicht stetig. Dann bleibt g «nichtstetig», wenn man die Topologie auf X gröber oder die Topologie auf Y feiner wählt.

4. $(X, \mathbf{X})$, $(Y, \mathbf{Y})$, $(Z, \mathbf{Z})$ seien topologische Räume. Sind die Abbildungen $f: X \to Y$ und $g: Y \to Z$ stetig, so ist auch die Komposition $g \circ f: X \to Z$ stetig.

Neben den stetigen Abbildungen betrachtet man in der Topologie auch die so genannten offenen Abbildungen.

Eine Abbildung $f: (X, \mathbf{X}) \to (Y, \mathbf{Y})$ heißt *offen*, wenn das Bild jeder offenen Menge wieder offen ist, kurz: Aus $O \in \mathbf{X}$ folgt $f[O] \in \mathbf{Y}$. Von der Definition her erscheinen die offenen Abbildungen gleichermaßen als Morphismen geeignet. Dass sich die stetigen Abbildungen durchgesetzt haben, ist zunächst einmal historisch bedingt. Darüber hinaus verbindet man aber auch mit dem Begriff der Stetigkeit mehr: Von einer stetigen Abbildung $f: (X, \mathbf{X}) \to (Y, \mathbf{Y})$ erwartet man anschaulich, dass sie keine «Sprünge» macht; das bedeutet, dass sich das Bild $f(x_0) \in Y$ für jeden Punkt $x_0 \in X$ durch die Bilder der x_0 umgebenden Punkte approximieren lässt – wie folgender Satz zeigt:

$(X, \mathbf{X})$, $(Y, \mathbf{Y})$ seien topologische Räume, $f: X \to Y$ sei eine stetige Abbildung und $x_0 \in X$. Zu jeder Umgebung O von $f(x_0)$ gibt es eine Umgebung U von x_0 mit $f[U] \subseteq O$. (Hier schließen sich Aussagen an, die direkt in die reelle Analysis führen, etwa dass die stetigen Abbildungen mit der Grenzwertbildung konvergenter Folgen vertauschbar sind – dass sie die Konvergenz also erhalten.)

In der Topologie lassen sich zwei Arten von Aussagen unterscheiden: lokale, die sich auf Umgebungen eines Punktes, und globale, die sich auf den ganzen Raum beziehen. Zuerst haben wir die Stetigkeit global eingeführt, gerade eben hingegen lokal, wie in der Analysis üblich. Den Zusammenhang zwischen globaler und lokaler Stetigkeit gewährleistet der folgende, einleuchtende Satz.

$(X, \mathbf{X})$, $(Y, \mathbf{Y})$ seien topologische Räume. Eine Abbildung $f: X \to Y$ ist stetig (global), wenn sie in jedem Punkt $x \in X$ stetig ist. Besonders wichtig ist die Stetigkeit in multiplen Strukturen wie in $\mathbf{R}$ oder im n-dimensionalen euklidischen $\mathbf{R}^n$. Mit Erkenntnissen wie den Fixpunktsätzen zeigt die Stetigkeit dort ihre weit reichende Macht.

(Hinweis: Im Taschenbuch «Die Top Ten der schönsten mathematischen Sätze» habe ich den Fixpunktsätzen ein Kapitel gewidmet.)

Mit welcher Art von Abbildungen zwischen topologischen Räumen könnte nun gezeigt werden, dass diese Räume möglicherweise strukturell vollkommen gleich sind?

Zunächst wird man fordern, dass eine derartige Abbildung f bijektiv ist, also umkehrbar eindeutig. Und dann wird man verlangen, dass sowohl f als auch die zu f inverse Abbildung f^{-1} keine Unstetigkeiten aufweisen, also strukturtreu sind. Eine solche Abbildung heißt *homöomorph* oder *topologisch*. (Eine Abbildung oder inverse Abbildung, bei der «Rissstellen» entstehen, wird *nichttopologisch* genannt.) Die Stetigkeit der inversen Abbildung muss gesondert verlangt werden, weil die Umkehrabbildung einer bijektiven stetigen Abbildung im Allgemeinen nicht stetig zu sein braucht.

Der Homöomorphismus ist der Isomorphismus der topologischen Strukturen. Punktmengen, die durch den Homöomorphismus aufeinander abgebildet werden können, nennt man *topologisch äquivalent* oder *homöomorph*. Die Homöomorphie ist eine Äquivalenzrelation. (Bemerkung: Der Begriff des Homöomorphismus ist abstrakter und daher auch allgemeiner als der anschauliche Begriff der elastischen Verformung, das heißt, nicht jede topologische Abbildung lässt sich als plastische Verformung deuten.)

Übertragung der Strukturen auf die Verwandtschaft

Im Kapitel «Ein erster Entwurf der drei Grundstrukturen» haben wir bereits die Frage der Strukturierung von Teilmengen, Produkt- und Quotientenmengen (strukturierter Mengen) aufgeworfen. Dabei soll die zu strukturierende, verwandte Menge mit einer Struktur des gleichen Typs versehen werden wie die Struktur(en) der vorgegebenen Menge(n). Gliedern wir die grundsätzliche Frage in die folgenden drei Probleme a), b) und c):

a) (M, S) sei eine Menge mit Struktur, U eine Teilmenge von M. Lässt sich die Teilmenge U mit Hilfe von S strukturieren?

b) (M_1, S_1) und (M_2, S_2) seien Mengen mit Strukturen gleichen Typs. Kann die Produktmenge (das kartesische Produkt) $M_1 \times M_2$ mit einer durch S_1 und S_2 erzeugten Struktur versehen werden?

c) (M, S) sei eine Menge mit Struktur, ρ («rho») eine Äquivalenzrelation auf M. Gibt die Struktur auf M Anlass zu einer Struktur auf der Quotientenmenge M/ρ?

Nun ein paar beispielhafte Fragen – eine Spur konkreter also:

1. $(\mathbf{R}, \mathfrak{R})$ sei die Menge der reellen Zahlen mit der natürlichen Topologie.

   Wie kann man das Einheitsintervall $I = [0, 1] \subset \mathbf{R}$ oder die ganze kartesische Ebene $\mathbf{R} \times \mathbf{R} = \mathbf{R}^2$ mit Hilfe von $\mathfrak{R}$ «topologisieren», das heißt, welche Mengen sollten in I beziehungsweise $\mathbf{R}^2$ *offen* genannt werden?

2. $(\mathbf{R}, +)$ sei die Menge der reellen Zahlen mit der gewöhnlichen Addition.

   Lässt sich mit Hilfe der Addition + der reellen Zahlen eine Addition $\oplus$ auf der Menge der geordneten Zahlenpaare $\mathbf{R} \times \mathbf{R} = \mathbf{R}^2$ definieren?

3. $(\mathbf{Z}, \times)$ sei die Menge der ganzen Zahlen mit der gewöhnlichen Multiplikation. Zusätzlich sei σ die in Beispiel (B2), Seite 43, definierte Äquivalenzrelation (x σ y ist gleichbedeutend mit $7 \mid x - y$, das heißt, 7 teilt die Differenz $x - y$ ohne Rest für alle $x, y \in \mathbf{Z}$).

Gibt nun die Multiplikation $\times$ auf $\mathbf{Z}$ Anlass zu einer Multiplikation $\otimes$ auf $\mathbf{Z}/\sigma$, der Menge der Restklassen modulo 7? (Auf diese Weise kann im Raum $\mathbf{Z}/\sigma$ gerechnet werden.)

Die einzige Möglichkeit, zwei Mengen M und N miteinander in Verbindung zu bringen, besteht darin, eine Relation zwischen den Elementen von M und denen von N zu definieren, speziell eine Abbildung M $\to$ N oder N $\to$ M.

In den Problemen a) bis c) sind die betrachteten Mengen bereits in kanonischer Weise miteinander durch Abbildungen verbunden: M mit U $\subseteq$ M durch eine Inklusionsabbildung i; M_1, M_2 mit $M_1 \times M_2$ durch die Projektionen p_1 und p_2; M mit M/σ durch die natürliche Abbildung ω, die jedes Element von M auf seine Faser abbildet (siehe auch den Abbildungssatz, Seite 62).

Diese drei Abbildungen stellen nun zwar eine Beziehung zwischen den jeweils betrachteten Mengen her, sie nehmen aber noch keine Rücksicht auf die Struktur. Dazu müssten die Abbildungen strukturtreu, also Morphismen sein. Es liegt daher nahe, die drei Aufgaben wie folgt zu formulieren:

a') (M, $\mathbf{S}$) sei eine Menge mit Struktur, U eine Teilmenge von M. Gibt es eine Struktur (?) auf der Teilmenge U, sodass die Inklusion

i: $(U, ?) \to (M, \mathbf{S})$

ein Morphismus ist?

b') $(M_1, \mathbf{S}_1)$ und $(M_2, \mathbf{S}_2)$ seien Mengen mit Strukturen gleichen Typs. Gibt es eine Struktur (?) auf der Produktmenge $M_1 \times M_2$, sodass die Projektionen

$p_1: (M_1 \times M_2, \textbf{?}) \to (M_1, \textbf{S}_1)$ und
$p_2: (M_1 \times M_2, \textbf{?}) \to (M_2, \textbf{S}_2)$

Morphismen sind?

c') (M, **S**) sei eine Menge mit Struktur, ρ eine Äquivalenzrelation auf M. Gibt es eine Struktur (**?**) auf der Quotientenmenge M/ρ, sodass die natürliche Abbildung

$\omega: (M, \textbf{S}) \to (M/\rho, \textbf{?})$

ein Morphismus ist?

Den Aufgaben a') und b') ist gemein, dass die zu strukturierende Menge «am Anfang» steht, als Definitionsbereich der kanonischen Abbildung, während sie in c') «am Ende» steht, als Wertebereich der natürlichen Abbildung. Allgemeiner stellen sich daher nur die folgenden zwei (zueinander dualen) Probleme A (wie Anfang) und E (wie Ende):

Problem A

Für $i \in I$ (Indexmenge) seien $(M_i, \textbf{S}_i)$ Mengen mit Strukturen gleichen Typs, A eine Menge und $f_i: A \to M_i$ Abbildungen.

Gibt es eine Struktur **A** auf A, sodass alle

$f_i: (A, \textbf{A}) \to (M_i, \textbf{S}_i)$

Morphismen sind?

Es kann sein, dass sich keine solche Struktur **A** finden lässt, allerdings sind auch viele Strukturen mit der verlangten Eigenschaft denkbar. Erst durch eine zusätzliche Bedingung, auf die ich aber hier nicht eingehen will, wird ermöglicht, dass es höchstens eine Struktur **A** gibt, sodass alle f_i Morphismen sind.

Diese dann eindeutig bestimmte Struktur heißt die *Anfangsstruktur* oder *initiale Struktur* von A bezüglich $(M_i, \textbf{S}_i)$ und f_i ($i \in I$).

Problem E

Für $i \in I$ seien (M_i, S_i) Mengen mit Strukturen gleichen Typs, E eine Menge und $g_i: M_i \to E$ Abbildungen.

Gibt es eine Struktur **E** auf E, sodass alle

$$g_i: (M_i, S_i) \to (E, E)$$

Morphismen sind?

Auch hier lässt sich eine Bedingung angeben, sodass es höchstens eine solche Struktur **E** gibt. Diese ist dann eindeutig bestimmt und heißt die *Endstruktur* oder *finale Struktur* von E bezüglich der (M_i, S_i) und g_i ($i \in I$).

Wie Sie sicher bemerkt haben, sind die Aufgaben a') bis c') Spezialfälle der Probleme A und E. Man erhält:

a') aus Problem A für $I = \{1\}$, $M_1 = M$, $f_1 = i$, $A = U$.
   Die gesuchte Anfangsstruktur heißt *Unterstruktur*.

b') aus Problem A für $I = \{1, 2\}$, $f_1 = p_1$, $f_2 = p_2$, $A = M_1 \times M_2$.
   Die gesuchte Anfangsstruktur heißt *Produktstruktur*.

c') aus Problem E für $I = \{1\}$, $M_1 = M$, $f_1 = \omega$, $E = M/\rho$.
   Die gesuchte Endstruktur heißt *Quotientenstruktur*.

Auf die Frage, wie nun die allgemeine Strukturierung von Teilmengen, Produkt- und Quotientenmengen vorgenommen werden kann – speziell bei algebraischen und topologischen Strukturen –, gehen wir nicht mehr ein. Stattdessen möchte ich zu den Unterschieden zwischen diesen beiden Strukturen ein paar generelle Anmerkungen machen. (Die Ordnungsstrukturen sind hier von geringerer Bedeutung als die beiden anderen Grundstrukturen, nicht zuletzt deshalb, weil die allgemeine Mengenlehre selbst bereits vieles von den geordneten Mengen in sich aufgenommen hat.)

Es gibt für die beiden wichtigsten Strukturarten spezifische Aspekte und Probleme, die Struktur zu übertragen. Während die Strukturierung von Teilmengen, Produktmengen und Quotientenmengen bei topologischen Strukturen in aller Regel keine Schwierigkeit bereitet – es dürfen sogar zusätzliche Forderungen an die Struktur gestellt werden –, lässt sich bei algebraischen Strukturen jeweils nur eine einzige Möglichkeit für die Strukturierung angeben, bei Unter- und Quotientenstrukturen sogar nur in besonderen Fällen.

Der Grund ist darin zu sehen, dass innere oder äußere Verknüpfungen die zu strukturierenden Mengen weit fester binden, als dies die Topologie-Axiome vermögen. Während eine Quotientenmenge eines topologischen Raumes stets mit einer Unterstruktur versehen werden kann, ist das für eine Quotientenmenge einer Menge mit algebraischer Struktur nur dann möglich, wenn die inneren und äußeren Verknüpfungen jeweils einer Verträglichkeitsbedingung (mit den kanonischen Abbildungen) genügen. Man sagt, eine algebraische Struktur sei «stärker» als eine topologische.

Auch für die Morphismen einer algebraischen Struktur kann mehr ausgesagt werden als über die Morphismen einer topologischen Struktur. Während zum Beispiel die Umkehrabbildung eines bijektiven Homomorphismus wieder ein Homomorphismus ist, braucht die Umkehrabbildung einer bijektiven stetigen Abbildung zwischen allgemeinen topologischen Räumen keineswegs stetig zu sein; die Stetigkeit der inversen Abbildung muss gesondert gefordert werden, um am Ende einen Homöomorphismus – eine topologische Abbildung – zu erhalten. (Bei bijektiven und stetigen *reellen* Funktionen $\mathbf{R} \to \mathbf{R}$ sind die inversen Funktionen zwar ebenfalls stetig, aber das beruht auf speziellen Eigenschaften der natürlichen Topologie $\mathfrak{R}$ der reellen Zahlen.)

III

Kombinationen:
Skizzen multipler Strukturen

War der Anfänger etwa fähig, durch die Spielzeichen
Parallelen zwischen einer klassischen Musik und der Formel
eines Naturgesetzes herzustellen, so führte beim Könner und
Meister das Spiel vom Anfangsthema frei bis in unbegrenzte
Kombinationen ... Es ist kaum übertrieben, wenn wir zu
sagen wagen: Für den engen Kreis der echten Glasperlenspieler
war das Spiel nahezu gleichbedeutend mit Gottesdienst,
während es sich jeder eigenen Theologie enthielt.

Hermann Hesse, «Das Glasperlenspiel»

Verschiedene Strukturtypen, verträglich kombiniert

Bis heute unterscheidet man nur die drei fundamentalen Arten von Strukturen, die wir kennen gelernt haben, nämlich die Ordnungs-, die algebraischen und die topologischen Strukturen.

Gemäß dem Bourbaki'schen Aufbau der Mathematik führen diese Grundstrukturen zu den *multiplen Strukturen* (oder auch *Mischstrukturen*), die unter gewissen Verträglichkeitsbedingungen aus zwei oder allen drei Grundstrukturen zusammengesetzt sind.

Schließlich erhält man durch Hinzunahme weiterer Axiome die so genannten *speziellen Strukturen*. Es sind dies sowohl klar umrissene mathematische *Einzeldisziplinen* als auch kleinere Bereiche, in denen die verschiedensten *Modelle* untersucht werden. Mehr als 3000 unterschiedliche Einzeldisziplinen sind gezählt worden (Davis/Hersh 1994). Einerseits ist es da nicht verwunderlich, dass selbst Berufsmathematiker viele Spezialdisziplinen nicht kennen; andererseits überrascht es schon, dass das Fundament des gesamten Gebäudes auf nur drei Grundstrukturen beruht (siehe die Darstellung auf Seite 68).

Im Folgenden soll eine einfache Mischstruktur definiert werden: die topologische Gruppe.

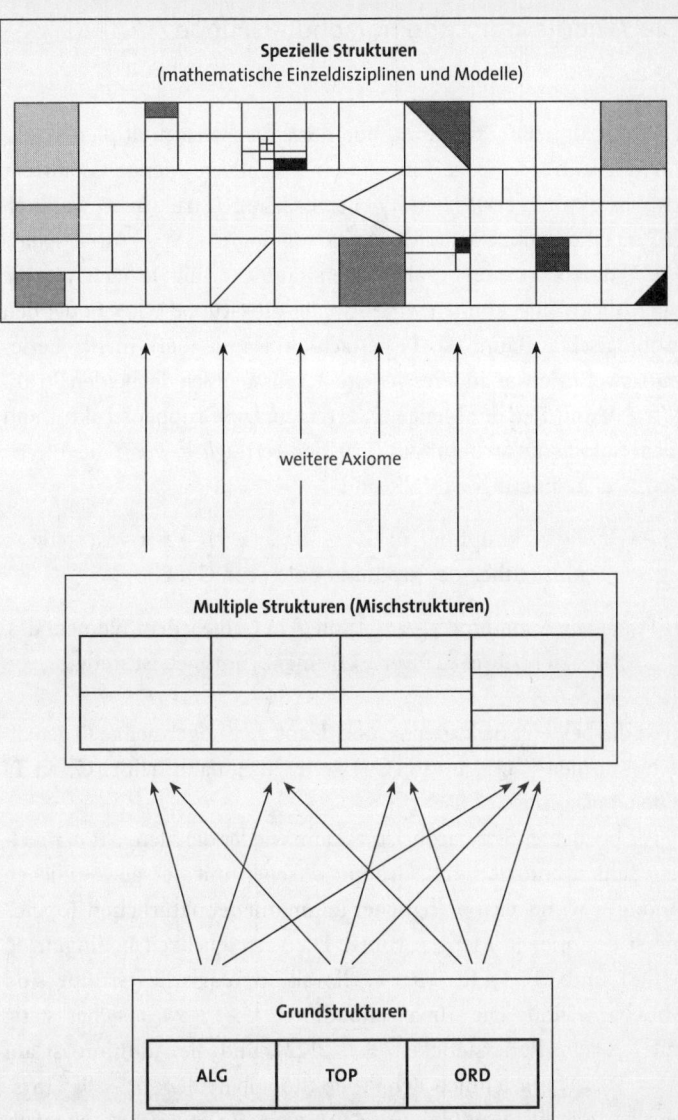

Spezielle Strukturen
(mathematische Einzeldisziplinen und Modelle)

weitere Axiome

Multiple Strukturen (Mischstrukturen)

Grundstrukturen

| ALG | TOP | ORD |

Globale schematische Darstellung des mathematischen Gebäudes

Die Axiome der topologischen Gruppe

Die topologische Gruppe ist eine der einfachsten multiplen Strukturen. Als Trägermenge fungiere eine nichtleere Menge G, auf der zwei Strukturen erklärt sind: (1) eine Gruppenstruktur $\star$, wodurch $(G, \star)$ eine Gruppe ist, und (2) eine topologische Struktur T, sodass (G, T) die Axiome des topologischen Raumes erfüllt. Je nach Aufgabe oder Blickwinkel können wir entweder die Gruppe $(G, \star)$ oder den topologischen Raum (G, T) betrachten. Damit aber «mehr» beziehungsweise «etwas anderes» entsteht, müssten sich die beiden Strukturen $\star$ und T in der Menge G vertragen. Die Gruppenstruktur und die topologische Struktur auf G heißen *verträglich*, wenn die folgenden zwei Bedingungen erfüllt sind:

(TG$_1$) Die Verknüpfung $\star : G \times G \to G$, $(x, y) \to x \star y$ ist stetig (hinsichtlich der Produkttopologie in $G \times G$).

(TG$_2$) Die Abbildung $x \to x^{-1}$ von G in G, die jedem Element das dazu reziproke (inverse) Element zuordnet, ist stetig.

Sind die beiden Strukturen $\star$ und T auf der Trägermenge G gemäß den Axiomen (TG$_1$) und (TG$_2$) verträglich, dann heißt $(G; \star; T)$ eine *topologische Gruppe*.

Als bequemes Standardbeispiel kann wieder die Menge **R** der reellen Zahlen herhalten, als Gruppe versehen mit der gewöhnlichen Addition + und als topologischer Raum mit der natürlichen Topologie $\mathfrak{R}$ der offenen Mengen von **R**. Die Verträglichkeitsbedingungen (TG$_1$) und (TG$_2$) für $(\mathbf{R}; +; \mathfrak{R})$ als topologische Gruppe sind offenbar erfüllt: Die «Inversenbildung» $x \to -x$ ist sicher stetig auf **R** (siehe Punktstetigkeit, Seite 122), und die Addition ist auf $\mathbf{R}^2 = \mathbf{R} \times \mathbf{R}$ hinsichtlich der Produkttopologie $\mathfrak{R} \times \mathfrak{R} = \mathfrak{R}^2$ (System kartesischer Produkte $O_1 \times O_2$, wobei $O_1, O_2 \in \mathfrak{R}$) ebenfalls stetig.

Nun könnte man sich daranmachen, (G; $\star$; **T**), das neu definierte Wesen namens «topologische Gruppe», zu studieren – und das ist ja mehr und vor allem etwas anderes als nur die Gruppe (G, $\star$) oder nur der topologische Raum (G, **T**).

Nachdem dann schon einige Eigenschaften dieser allgemeinen (abstrakten) topologischen Gruppe mit Hilfe logischer Deduktionen gewonnen wurden, könnte man darangehen, zusätzliche Forderungen zu stellen: Was würde sich zum Beispiel ergeben, wenn die Verknüpfung $\star$ kommutativ wäre? Oder wenn für die Topologie **T** das Hausdorff'sche Trennungsaxiom (Seite 119) gelten würde? Wir erhielten wiederum neue Wesen mit anderen – erweiterten oder eingeschränkten – Eigenschaften, und wir hätten auch keinerlei Mühe, Beispiele dafür zu finden.

Dann könnten wir uns daran erinnern, dass es ja auch reichere algebraische Strukturen gibt: Ringe, Körper, Vektorräume … Ließen sich diese nicht auch mit einer topologischen Struktur versehen? Würden die Verträglichkeitsbedingungen im Prinzip auch so aussehen, dass alle in den algebraischen Strukturen erklärten Abbildungen wie Inversenbildung und Verknüpfungen stetig zu sein haben? Und so weiter, und so fort. (Tatsächlich haben sich die *topologischen Vektorräume* als außerordentlich wichtig und fruchtbar erwiesen. In der theoretischen Physik zum Beispiel sind sie gar nicht mehr wegzudenken. Im Kapitel über Räume komme ich darauf zurück.)

Ich möchte Ihnen aber nicht irgendwelche speziellen Kenntnisse vermitteln, sondern in erster Linie die Art und Weise zeigen, wie Mathematiker Fragen stellen (und welche Fragen sie stellen); und, wie methodisch sie im Prinzip vorgehen, um Antworten zu finden. Einzelkenntnisse (wie fertige Formeln oder spezielle Rechenregeln) sind schnell wieder vergessen. Das methodische Denken und Vorgehen ist hingegen immer gleich – und das eigentlich Nützliche.

Im Folgenden geht es nicht wirklich um Mischstrukturen, sondern um enge Beziehungen zwischen den Geometrien einerseits (als spezielle topologische Strukturen) und gewissen Gruppeneigenschaften von Transformationen (Abbildungen) andererseits.

Exkursion: Wie Felix Klein und Henri Poincaré die Geometrien und die Topologie «algebraisierten»

Der berühmte deutsche Mathematiker Felix Klein hat 1872 in Erlangen ein Programm zur Vereinheitlichung der Geometrie vorgetragen. Zu jener Zeit war diese Wissenschaft in eine Horde verschiedener Disziplinen aufgesplittert: euklidische und nichteuklidische Geometrie (von Gauß, Riemann, Lobatschewskij und Bolyai), Möbius'sche Geometrie in der Ebene und konforme Geometrie, projektive und affine Geometrie, Differentialgeometrie und die neu auftauchende Topologie. Es gab sogar Geometrien mit nur endlich vielen Punkten und Geraden.

Klein versuchte, dieses Sammelsurium nach einem höheren Prinzip zu ordnen – zu vereinfachen. Und er fand ein gewisses Ordnungsprinzip, *indem er jede Geometrie mit den «Invarianten» (den unveränderlichen Größen) einer – zur Geometrie gehörenden – Gruppe von Transformationen in Verbindung brachte.* (Auf Seite 109 haben wir gesehen, dass die Menge der Automorphismen mit der Komposition eine Gruppe bildet – die Automorphismengruppe.) Die Idee dieses Ordnungsprinzips soll kurz erläutert werden.

In der klassischen euklidischen Geometrie, die wir in der Schule lernen, gibt es den grundlegenden Begriff der Kongruenz, der Deckungsgleichheit. Gestalt und Größe (von Dreiecken und anderen Figuren), die durch Winkel und Abstände bestimmt werden, bilden die Invarianten, die unveränderlichen Größen, und die dazugehörenden Transformationen sind die starren Bewegungen der Ebene, die die Figuren ineinander überführen. Die Menge dieser starren Bewegungen bildet eine Transformationsgruppe, und die in der euklidischen Geometrie untersuchten Eigenschaften sind nun diejenigen, die sich unter der Wirkung dieser Gruppe nicht ändern, zum Beispiel Längen und Winkel. Analog besteht die Gruppe in der hyperbolischen Geometrie aus starren hyperbolischen

Bewegungen, in der projektiven Geometrie sind es die projektiven Transformationen und in der Topologie die topologischen Transformationen (zur Veranschaulichung des Ordnungsprinzips brauchen wir nicht auf die speziellen Definitionen einzugehen).

Die Unterscheidung zwischen Geometrien wird im Grunde genommen auf eine Unterscheidung gruppentheoretischer Art zurückgeführt: das höhere Ordnungsprinzip. Das ist aber noch nicht alles, wie Klein darlegte: Manchmal können die Gruppen herangezogen werden, um von einer Geometrie zur anderen überzuwechseln. Wenn zwei scheinbar verschiedenen Geometrien im Prinzip dieselbe Gruppe zugrunde liegt, so sind beide in Wahrheit dieselbe Geometrie. Beispielsweise ist die Geometrie der komplexen projektiven Geraden im Grunde dieselbe wie die der reellen Möbius'schen Ebene, und diese ist ihrerseits dieselbe wie die der reellen hyperbolischen Ebene.

Kleins Einsicht brachte mit einem Schlag Klarheit und Ordnung in das bisherige Wirrwarr. Allerdings gab es auch eine Ausnahme: Die Riemann'sche «Geometrie der Mannigfaltigkeiten» entzog sich Kleins Versuch der totalen Klassifizierung. Immerhin wurde es möglich, eine Geometrie mit einer anderen zu vergleichen und Resultate aus einer Geometrie zu benutzen, um Sätze in einer anderen zu beweisen. Kleins Programm war nicht nur außergewöhnlich erfolgreich, es hat auch heute noch einen großen Einfluss. Der wird nicht immer explizit wahrgenommen, weil der Standpunkt allgemein akzeptiert ist – was aber zweifellos ein Erfolgsmaß dieses Programms ist.

Auch heute werden die Untersuchungswerkzeuge vorwiegend aus der Gruppentheorie entlehnt, die, auf die Topologie angewendet, ein eigenes Gebiet, die *algebraische Topologie*, begründet. Das Ziel ist die Reduktion topologischer Fragen auf die abstrakte Algebra – die man länger und besser kennt. Der große französische Mathematiker Henri Poincaré (Zeitgenosse und wohl auch Konkurrent von Klein) fing um die Jahrhundertwende an, die Topologie systematisch zu «algebraisieren». Er selbst war einer der Väter dieser Theorie (der algebraischen Topologie), und er erfand etwas, was die *Fundamentalgruppe* heißt. Die Idee ist eine geschickte Vermischung von Geometrie und Algebra – was uns nach Kleins Erlanger Programm nicht wundern sollte, denn dessen Motto war ja: «Geometrie *ist* Gruppentheorie.» (In «Abenteuer Mathematik» werden die historischen Aspekte sowohl der Gruppentheorie als auch der Topologie breiter behandelt. Insbesondere ist dort auch die Poincaré'sche Vermutung, das berühmteste noch nicht gelöste Problem der Topologie, ausführlich erklärt.)

Die reellen und komplexen Zahlen – strukturell gesehen

Trotz des grandiosen abstrakten Weitblicks, den die mächtige Sprache der Mengenlehre ermöglicht, sind und bleiben die relativ konkreten Zahlenbereiche (samt den zwischen ihnen definierten Funktionen) das Herzstück der Mathematik. Das gilt auch für die uns aus der Schule her vertraute euklidische Geometrie der Geraden, der Ebene und des dreidimensionalen Raumes inklusive der darin erdachten und ausdrückbaren Gebilde. Schließlich ist eine (euklidische) Gerade nichts anderes als eine Interpretation des Zahlenraums R, versehen mit der Ordnungsstruktur $\leq$, den (algebraischen) Verknüpfungen $+$ und $\cdot$ (die den Körperaxiomen genügen) und mit der natürlichen Topologie $\mathfrak{R}$. Und diese drei Grundstrukturen sind in R auch verträglich, was natürlich sehr nützlich ist. (Ob man diese Verträglichkeitsbedingungen abstrakt definiert und nachgeprüft hat, ob sie in R erfüllt sind oder ob sie nicht zuerst als Eigenschaften in R entdeckt und dann erst als Axiome formuliert wurden – was eher der Fall gewesen sein dürfte –, das ist nicht entscheidend.) Immerhin dient der so strukturierte R als eine Art Spezifizierung für eine gut ausgestattete multiple Struktur, die viele «Musikstückchen spielt», und als Vergleichsmaßstab für die zahllosen Räume, die den unaufhörlich wachsenden mathematischen Ideenhimmel bevölkern. Die euklidische Ebene $R \times R = R^2$, der dreidimensionale (euklidische) Raum $R \times R \times R = R^3$ und ganz allgemein der n-dimensionale $R^n (n \in N)$ sind die «Produktstrukturen der Geraden $(R; +, \cdot; \leq; \mathfrak{R})$ mit sich selbst», und in die die Struktureigenschaften von R möglichst kompatibel übertragen werden.

Die folgende Skizze veranschaulicht diesen Aufbau.

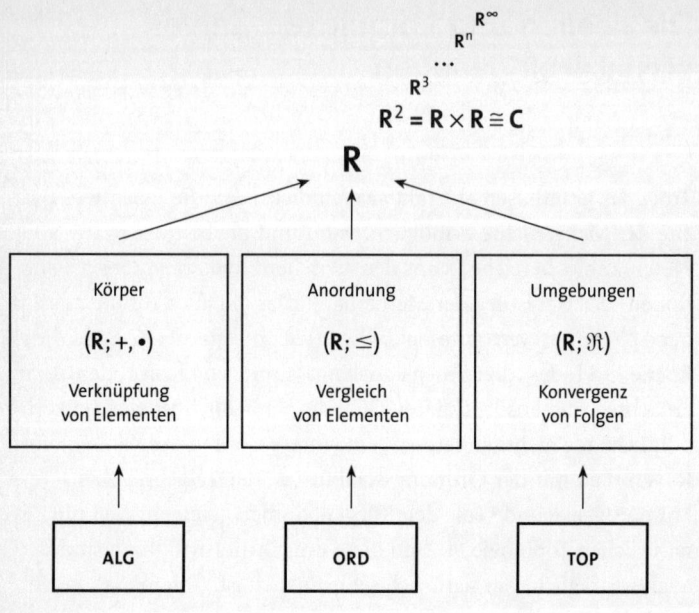

Der Urknall und vier Expansionsstufen oder Herkömmlicher Zahlenaufbau von N nach C

Bisher haben wir die Menge der reellen Zahlen **R** unerschrocken verwendet, wann immer es opportun erschien. Offenbar sind sie ja existent und stehen uns zur Verfügung. Doch wie entstehen sie? Durch welche «strukturellen Operationen» werden sie aufgebaut?

Da wir bei diesem Aufbau ja irgendwo beginnen müssen, und zwar möglichst am Anfang, begeben wir uns einfach zum Urknall. Und den hat der Mathematiker Leopold Kronecker sinngemäß so beschrieben: «Die natürlichen Zahlen hat Gott gemacht, alles Weitere ist Menschenwerk.» Die Erschaffung der Zahlen 1, 2, 3, … (oder auch 0, 1, 2, 3, …) war also der mathematische Urknall: scheinbar lautlos und fast schleichend, doch in seiner unendlichen Mächtigkeit weitreichender als sein Bruder, der kosmologische Urknall, der, soweit wir wissen, nur Endliches zustande brachte. Es ging ja weiter. Aber wie? Woher kommen all die weiteren Zahlenarten?

Geschichtlich ergaben sich die weiteren Zahlenarten als Lösungen von Gleichungen. Heute sind wir in der Lage, den Mechanismus dieser Zahlenerweiterungen oder -vervollständigungen strukturell zu verstehen. Sehen wir uns zuerst an, wie die «organisch gewachsenen» Erweiterungen stattfanden, und betrachten wir die fünf folgenden, einfachen Gleichungen mit der jeweiligen Unbekannten x:

(1) $x - 2 = 0$,
(2) $x + 2 = 0$,
(3) $2x - 1 = 0$,
(4) $x^2 - 2 = 0$ und
(5) $x^2 + 1 = 0$.

Die Lösung von Gleichung (1), $x - 2 = 0$, lautet $x = 2$, eine natürliche Zahl als Lösung, denn $2 \in \mathbf{N}_0$.

Die Lösung von Gleichung (2), $x + 2 = 0$, ergibt sich, indem wir auf beiden Seiten der Gleichung die Zahl 2 abziehen. Das Ergebnis, $x = -2$, ist jedoch keine natürliche Zahl mehr, $-2 \notin \mathbf{N}_0$. Es stellt sich die Frage, wie nun $\mathbf{N}_0$ erweitert werden muss, damit derartige Gleichungen darin eine Lösung haben. Die Antwort: Man erweitert $\mathbf{N}_0$ durch Hinzunahme aller Zahlen der Form $-n$, $n \in \mathbf{N}$, und nennt die umfangreichere Zahlenmenge die «Menge der ganzen Zahlen $\mathbf{Z}$». Die Gleichung (2) ist also nicht lösbar in $\mathbf{N}$ beziehungsweise $\mathbf{N}_0$, wohl aber in $\mathbf{Z}$.

Für die Lösung der Gleichung (3), $2x - 1 = 0$, erhalten wir $x = \frac{1}{2}$, aber das ist keine ganze Zahl, $\frac{1}{2} \notin \mathbf{Z}$. Wiederum stellt sich die Frage, wie $\mathbf{Z}$ denn erweitert werden müsste, damit derartige Gleichungen darin eine Lösung haben. Nun kommen alle Verhältniszahlen oder Brüche m/n mit $n \neq 0$ in Betracht. Man nennt sie die «Menge der rationalen Zahlen» und bezeichnet sie mit **Q**. Für n = 1 reduziert sich **Q** auf die Menge **Z**.

Gleichung (4), $x^2 - 2 = 0$, schreibt sich in einem ersten Schritt $x^2 = 2$. Gibt es nun einen Bruch m/n mit natürlichen oder ganzen Zahlen m und n ≠ 0, sodass $(m/n)^2 = 2$ beziehungsweise $m^2 = 2n^2$ gilt? Nein, diesen Bruch gibt es nicht – Euklid hat es bewiesen. Das heißt aber, dass die Gleichung (4) keine Lösung in **Q**, in rationalen Zahlen, hat. Die Lösung, die man schließlich doch findet, ist *irrational*, man nennt sie «Quadratwurzel von 2» und schreibt $\sqrt{2}$. Das heißt wiederum, dass wir die Menge der Brüche **Q** um alle irrationalen Zahlen nochmals erweitern müssen. So gelangen wir zur Menge der reellen Zahlen **R**. Immerhin ist **R** eine sehr umfangreiche Zahlenmenge, von der wir erwarten, dass in ihr alle denkbaren Gleichungen eine Lösung besitzen. Aber weit gefehlt!

Für die Gleichung (5), $x^2 + 1 = 0$, können wir auch $x^2 = -1$ schreiben. Doch es gibt keine reelle Zahl, deren Quadrat negativ ist, denn «minus mal minus ergibt plus». Also hat die Gleichung (5) keine reelle Lösung – keine Lösung in **R**. Was bietet sich uns als Ausweg an? Richtig: wiederum eine Erweiterung. Man gelangt zur «Menge der komplexen Zahlen», die mit **C** symbolisiert wird. (Gleich im nächsten Abschnitt wird **C** als kartesisches Produkt **R** × **R** konstruiert und mit geeigneten Verknüpfungen versehen.)

Die Vervollständigungen der Zahlenmengen kann man sich mit Hilfe folgender Mengendiagramme ($\mathbf{N}_{(0)} \subset \mathbf{Z} \subset \mathbf{Q} \subset \mathbf{R} \subset \mathbf{C}$) merken – ein Urknall und vier Expansionsstufen.

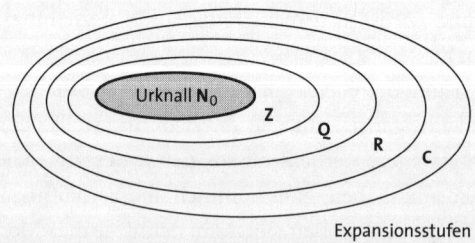

Expansionsstufen

Die algebraische Struktur der komplexen Zahlen C

Gewöhnlich werden die komplexen Zahlen $z \in$ C als Paare reeller Zahlen $(x, y) \in$ R × R eingeführt beziehungsweise definiert. Mengenmäßig ist also C gleich dem kartesischen Produkt R × R = R^2. (R; +, ×) bildet einen Körper, in dem wir die vier Grundrechenarten (Addition und Multiplikation sowie die jeweilige Umkehroperation Subtraktion beziehungsweise Division) ausführen können. Und wie ist es in R^2? Können die gewöhnlichen Verknüpfungen in R auch sinnvoll auf R^2 erweitert werden? Jawohl! Die Verknüpfungen $\oplus$ und $\otimes$ in R^2 werden wie folgt durch die übliche Addition und Multiplikation in R definiert (wir schreiben wieder xy für x × y):

$(a, b) \oplus (c, d) = (a + c, b + d)$

$(a, b) \otimes (c, d) = (ac - bd, ad + bc)$

Die Addition erscheint plausibel, die Multiplikation hingegen nicht – zumindest nicht auf den ersten Blick. Doch nur diese Festlegung gewährleistet, dass die algebraischen Struktureigenschaften in R und R^2 (oder C) kompatibel sind.

Die «reinen» reellen Zahlen sind genau die Zahlen $(x, 0)$. Die komplexe Zahl $(0, 1)$ wird *imaginäre Einheit* genannt und mit i bezeichnet. Für jede komplexe Zahl $z = (x, y)$ heißt x ihr *Realteil* und y ihr *Imaginärteil*. Unter Verwendung der imaginären Einheit i gilt:

$z = (x, y) = x + iy.$

In der Darstellung $z = x + iy$ dürfen wir sogar wieder die in R üblichen Grundrechenarten verwenden (denn $\oplus$ und $\otimes$ haben wir ja mit Hilfe der üblichen Addition und Multiplikation definiert). Berechnen wir nun i^2:

$i^2 = i \otimes i = (0, 1) \otimes (0, 1) = (-1, 0) = -1$

Wir dürfen i = $\sqrt{-1}$ schreiben (denn das Quadrat, das negativ ist, ist ja nicht eines einer reellen Zahl). Des Weiteren bestätigt man leicht die Gültigkeit der folgenden Ausdrücke: $i^3 = -i$, $i^4 = 1$, $i^5 = i$, $i^6 = -1$, $i^7 = -i$, $i^8 = 1$ usw.

Die wohl faszinierendste und auch schönste mathematische Formel vereint in fast mystischer Weise die wichtigsten Konstanten der Analysis: 0, 1, die Basis e der natürlichen Logarithmen, die Kreiszahl π und ... eben die imaginäre Einheit i. Sie lautete: $e^{i\pi} = -1$ (in der Schreibweise $e^{i\pi} + 1 = 0$ kommt auch die Null zum Vorschein).*

Die Festlegung der Rechenregeln in $\mathbf{R}^2$ beziehungsweise $\mathbf{C}$ hat zur Folge, dass die Systeme $(\mathbf{R}^2, \oplus, \otimes)$ und $(\mathbf{C}, \oplus, \otimes)$ die gleiche algebraische Struktur haben – sie sind isomorphe Körper. Dies können wir auch durch die Isomorphie-Beziehung $\cong$ ausdrücken:

$$(\mathbf{R}^2, \oplus, \otimes) \cong (\mathbf{C}, \oplus, \otimes).$$

Auch die Topologie $\mathfrak{R}$ der offenen Mengen in $\mathbf{R}$ lässt sich mühelos auf $\mathbf{R}^2$ erweitern: Das System $\mathfrak{R} \times \mathfrak{R} = \mathfrak{R}^2$ offener Mengen $O_1 \times O_2$ mit $O_1, O_2 \in \mathfrak{R}$ ist die natürliche Produkttopologie auf $\mathbf{R}^2$. Hingegen lässt sich die (totale) Ordnungsstruktur $(\mathbf{R}, \leq)$ *nicht* auf $\mathbf{R}^2$ erweitern: Zwei Paare reeller Zahlen sind im Allgemeinen nicht miteinander vergleichbar (wie auch zwei Teilmengen bezüglich der Inklusion). Der $\mathbf{R}^2$ enthält aber unendlich viele total geordnete Teilmengen. (Welche?)

Die geometrische Darstellung von $\mathbf{C}$ wird als die *Gauß'sche Zahlenebene* bezeichnet und ist der euklidischen beziehungsweise karte-

---

* In «Die Top Ten der schönsten mathematischen Sätze» widme ich ihr und ihrer Herleitung ein eigenes kleines Kapitel. Ein anderer wichtiger und schöner Satz, der mit komplexen Zahlen zu tun hat, kommt dort ebenfalls zur Sprache, nämlich der so genannte Fundamentalsatz der Algebra, auch Algebraischer Hauptsatz der komplexen Zahlen genannt.

sischen Ebene $\mathbf{R}^2$ äquivalent. Insbesondere entspricht jeder komplexen Zahl $z = (x, y) = x + iy$ der Punkt $P(x, y)$ mit den Koordinaten x und y in der kartesischen Ebene (mit ihren beiden zueinander senkrecht stehenden Achsen) und umgekehrt.

Das Problem der Vervollständigung – allgemein formuliert

Dieser Abschnitt ist etwas abstrakt. Dennoch zeigt er die typischen strukturmathematischen Gedankengänge und auch die dazu verwendete klare, manchmal ätherische Sprache beispielhaft auf.

Betrachten wir alle Mengen, die eine vorgegebene Struktur tragen, zum Beispiel alle Mengen, die sich durch eine spezielle Verknüpfung auszeichnen. Diese Ansammlung von strukturierten Mengen bezeichnen wir mit $\mathbf{K}$. Wir sagen auch, $\mathbf{K}$ sei eine *Klasse* von strukturierten Mengen. Die Elemente von $\mathbf{K}$ nennen wir hier *Objekte.*

Das Problem der Vervollständigung (oder Erweiterung) eines Objektes $A \in \mathbf{K}$ tritt auf, wenn dieses Objekt eine gewisse Eigenschaft (E) *nicht* hat, wir aber nur mit Objekten etwas anfangen (Operationen durchführen) können, welche die Eigenschaft (E) besitzen.

Um dieses Problem zu lösen, versucht man, A in ein größeres Objekt $\tilde{A} \in \mathbf{K}$ einzubetten, welches die Eigenschaft (E) besitzt und dann die *Vervollständigung (Erweiterung) von A bezüglich der Eigenschaft* (E) heißt. *Einbettung* bedeutet zunächst die Existenz einer injektiven strukturtreuen Abbildung $i: A \to \tilde{A}$. (Zur Erinnerung: Die Injektivität von i bedeutet, dass verschiedene Elemente von A auf verschiedene Elemente von $\tilde{A}$ abgebildet werden.)

Das hat zur Folge, dass i eine bijektive strukturtreue Abbildung von A auf das Bild $i[A] \subseteq \tilde{A}$ vermittelt. A und $i[A]$ sind also isomorph. Wir können folglich A mit $i[A]$ identifizieren und daher A als Unterobjekt (Unterstruktur) von $\tilde{A}$ auffassen.

Mit der Einbettung von A in ein Objekt $\tilde{A} \in \mathbf{K}$, welches die Eigenschaft (E) besitzt, ist aber die Erweiterung von A noch nicht ausreichend beschrieben. Man möchte auch noch jede strukturtreue Abbildung

$$f: A \rightarrow B, \tag{1}$$

welche als Wertebereich ein Objekt $B \in \mathbf{K}$ hat, das die Eigenschaft (E) besitzt, in eindeutiger Weise fortsetzen auf das vervollständigte Objekt $\tilde{A}$; das heißt, zu jeder strukturtreuen Abbildung (1) soll es genau eine strukturtreue Abbildung $\tilde{f}: \tilde{A} \rightarrow B$ geben mit der Eigenschaft

$$\tilde{f}(i(a)) = f(a) \text{ für alle } a \in A. \tag{2}$$

Die Bedingung (2) besagt, dass $\tilde{f}$ auf dem Unterobjekt $i[A] \subseteq \tilde{A}$ dieselbe Wirkung hat wie f auf A. Man schreibt (2) auch in der Form

$$\tilde{f} \, \square \, i = f \tag{3}$$

Die folgende Darstellung veranschaulicht die Forderung (2, 3).

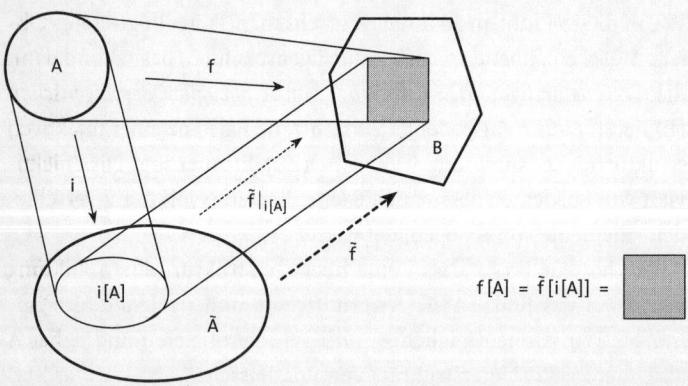

Oder man sagt auch (siehe Seite 58): Das Diagramm

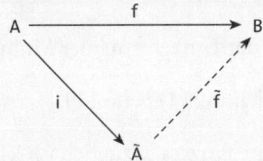

ist kommutativ. Der gestrichelte Pfeil bedeutet hier: Zu jedem f ist das $\tilde{f}$ in eindeutiger Weise konstruierbar. Man sagt auch: f faktorisiert in eindeutiger Weise über i.

Die Eigenschaft von i, dass jede strukturtreue Abbildung f von A in ein Objekt B mit der Eigenschaft (E) in eindeutiger Weise über i faktorisiert, heißt *universelle Eigenschaft* von i. Diese universelle Eigenschaft von i hat insbesondere zur Folge, dass das vervollständigte Objekt $\tilde{A}$ durch A in gewisser Weise eindeutig bestimmt ist. (Gäbe es nämlich zwei Vervollständigungen $\tilde{A}_1$ und $\tilde{A}_2$, dann kann unter Zuhilfenahme der Kommutativität des Diagramms zwischen ihnen leicht ein Isomorphismus konstruiert werden; das heißt aber, die Vervollständigung $\tilde{A}$ ist durch A *im Wesentlichen* eindeutig bestimmt – eben *bis auf Isomorphie*.)

Wenn die bisher angegebenen Eigenschaften von i und $\tilde{A}$ erfüllt sind, sagen wir: $\tilde{A}$ ist die Vervollständigung (Erweiterung) von A bezüglich der Eigenschaft (E). Um diese Vervollständigung zu konstruieren, hat man also die folgenden drei Schritte zu tun:

(V$_1$) Konstruktion des Objekts $\tilde{A} \in \mathbf{K}$ mit der Eigenschaft (E);

(V$_2$) Konstruktion der Einbettungsabbildung i: A $\rightarrow \tilde{A}$;

(V$_3$) Nachweis der universellen Eigenschaft von i.

(Mit etwas Phantasie kann man darin auch gewisse Ähnlichkeiten zu den Erweiterungsaspekten der Europäischen Union sehen – wo es nicht um die bloße Aufnahme von Ländern und Staaten geht, sondern auch um eine weitgehende «strukturelle Harmonisierung».)

Beispiele von Erweiterungen (symbolisch: A ➡ Ã)

1. A = N ➡ Ã = Z bezüglich der Umkehrung der Addition.

2. Z ➡ Q bezüglich der Umkehrung der Multiplikation.

3. Q ➡ R; siehe Gleichung (4) Seite 139.

Indem der beschriebene Prozess bezüglich verschiedener Eigenschaften schrittweise wiederholt wird, erhalten wir alle Erweiterungen von der Menge N der natürlichen bis zur Menge R der reellen Zahlen:

$$N \mathrel{➡} Z \mathrel{➡} Q \mathrel{➡} R$$

Die eigentliche konstruktive Definition der reellen Zahlen ist allerdings eine knifflige Angelegenheit, die mehr Vorbereitungen benötigt, als hier bereitgestellt sind. Bei einer Vervollständigung kommt es auch immer «auf den Fall an», wie Juristen sagen würden, nämlich speziell darauf, wie man konkret aus dem Objekt A das Objekt Ã gewinnt: Einmal wird man einen Halbring (N) zu einem Ring (Z) erweitern, ein anderes Mal einen Ring zu einem Körper, noch ein anderes Mal wird man einen Körper nur algebraisch vervollständigen, wie R zu C. (Unter Ausnutzung der Ordnungsstruktur werden reelle Zahlen als so genannte Dedekind'sche Schnitte in der Menge der rationalen Zahlen Q eingeführt, während topologische Aspekte zu einer Vervollständigung von Q zu R mittels so genannter Cauchy-Folgen – Seite 162 – führen.)

Konvergente Folgen: Auftakt zur Analysis

Wir erinnern uns daran, dass ein topologischer Raum (M, T) *separiert* (oder *hausdorffsch*) heißt, wenn je zwei verschiedene Punkte des Raumes disjunkte (offene) Umgebungen besitzen (Seite 119). Auf die Frage, wozu denn dieses Trennungsaxiom gut sein soll, habe ich in

Aussicht gestellt, dass es für die Eindeutigkeit des *Grenzwertes* einer *konvergenten Folge* f: $N \to X$ sorgt, wobei (X, T) ein topologischer Raum ist. Tatsächlich ist dieser Sachverhalt grundlegend für den Konvergenzbegriff (und damit für die gesamte Analysis).

(X, T) sei ein topologischer Raum und $M \subseteq X$ eine Teilmenge. Der Punkt $x \in X$ heißt *Häufungspunkt* von M, wenn in jeder Umgebung von x mindestens ein von x verschiedener Punkt von M liegt. Ein Häufungspunkt von M muss also nicht zwangsläufig ein Punkt von M sein. Wenn jedoch die Teilmenge $M \subseteq X$ alle ihre Häufungspunkte enthält, genau dann ist sie abgeschlossen (die Definition einer abgeschlossenen Menge steht auf Seite 117).

Eine Folge (x_n) von Elementen eines topologischen Raumes (X, T) heißt *konvergent* gegen $x_0 \in X$, wenn es zu jeder Umgebung U von x_0 eine natürliche Zahl $n_0 = n_0(U)$ derart gibt, dass x_n für alle $n \geq n_0$ in U liegt. Der Punkt x_0 heißt *Grenzwert* der (konvergenten) Folge (x_n). Man schreibt symbolisch: $\lim_{n \to \infty} x_n = x_0$ oder kurz $x_n \to x_0$.

In der Umgebung $U(x)$ liegen also «fast alle» Folgenglieder – damit meinen Mathematiker: «alle mit Ausnahme von endlich vielen». Die Schreibweise $n_0(U)$ in der Definition der Konvergenz drückt lediglich aus, dass das n_0, dessen Existenz gefordert wird, von der vorgegebenen Umgebung U abhängen darf, wie nachfolgende Darstellung zeigt.

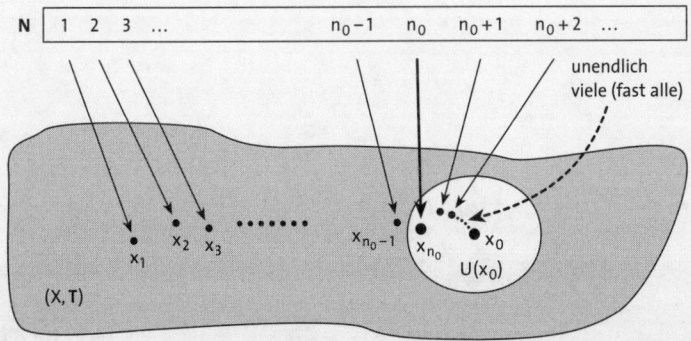

In separierten Räumen ist nun der Grenzwert einer konvergenten Folge eindeutig bestimmt. Hier beginnt die Theorie der konvergenten Folgen, mit vielschichtigen Ergebnissen hinsichtlich stetiger Funktionen, und damit wird auch der grandiose und riesige Bereich der Analysis betreten: Differential- und Integralrechnung, Differentialgleichungen, Funktionentheorie, Funktionalanalysis usw.

Wahrscheinlichkeiten:
Ein Raum für alle Fälle

Als Bestandteil einer Wirklichkeit, die (zumindest) in unseren Köpfen existiert, können abstrakte Konzepte sehr nützlich sein. Beim Nachdenken über Mathematik und ihre Anwendungen offenbart sich auch die Einsicht, dass gerade die Übersetzung aus der realen Welt in die Mathematik – das Mathematisieren von Phänomenen – eine ständige Quelle der Erkenntnis ist; und Erkenntnis motiviert. Überdies werden durch das Mathematisieren der verschiedensten Phänomene ständig neue reizvolle Theorien angeregt. Man denke nur an Bereiche wie Informationstheorie, Kryptologie, Kybernetik, algebraische Linguistik, lineares Programmieren, Spieltheorie, nichtlineare dynamische Systeme (*vulgo* Chaosforschung) usw.

So scheint es auch in einem Essay wie diesem instruktiv, eine mathematische Theorie zu betrachten, deren Konzept und Aufbau auf die Erfassung von Ereignissen und Phänomenen der Wirklichkeit erkennbar zugeschnitten ist. Am Beispiel des Begriffs der Wahrscheinlichkeit soll das Wechselspiel zwischen struktureller Konzeption und außermathematischer Anregung verdeutlicht werden.

Nichtzufällig zufällig oder *zufällig* zufällig?

Denken wir uns eine endliche Folge $V_1, V_2, V_3, \ldots, V_n$ von nacheinander ausgeführten Versuchen. Jeder Versuch V_k möge als Resultat (oder Ergebnis) genau einen der Zustände $E_1, E_2, E_3, \ldots, E_s$ herbeiführen. Dabei sei $E_j(k)$ die Aussage: Der Versuch V_k führt den Zustand E_j herbei. Der Ablauf der Versuche wird durch die Aussagenfolge

$$E_{j_1}(1), E_{j_2}(2), E_{j_3}(3), \ldots, E_{j_n}(n)$$

beschrieben. Es gibt nun drei Möglichkeiten: zwei extreme und eine dritte, «gemischte», die ich zusammenfassend als den allgemeinen Fall bezeichne, weil die ersten beiden Möglichkeiten daraus als Spezialfälle interpretierbar sind:

– Erster (Extrem-)Fall: $j_1, j_2, j_3, ..., j_m$ seien bekannt. Dann ist auch j_{m+1} gegeben, das heißt, das Ergebnis der Versuche $V_1, V_2, ..., V_m$ entscheidet auch über den Ausgang des Versuches V_{m+1}. Es gilt also:

$$E_{j_m}(m) \text{ ist bekannt, wenn nur } E_{j_1}(1) \text{ vorliegt.}$$

– Zweiter (Extrem-)Fall: Obwohl $j_1, j_2, j_3, ..., j_m$ bekannt sind, ist das Ergebnis der Versuche $V_{m+1}, V_{m+2}, ...$ völlig unbestimmt, das heißt, aus der Kenntnis der Versuchsergebnisse der ersten m Versuche fließt keinerlei Information über die Resultate der späteren Versuche.

– Dritter (allgemeiner) Fall: Das Resultat der ersten m Versuche liefert eine gewisse Information über den Versuch V_{m+1}, die uns die möglichen Versuchsergebnisse E_j verschieden oder gleich stark erwarten lässt.

Erwarten wir bei Kenntnis der ersten m Resultate alle weiteren Versuchsergebnisse E_j gleich stark, so liegt der zweite Fall vor. Müssen wir hingegen aufgrund einer relevanten Information über die m ersten Resultate ein oder einige (künftige) Ergebnisse E_j besonders und die anderen weniger oder fast gar nicht erwarten, so läuft dies tendenziell auf den ersten Fall zu. Die beiden Extremfälle sind relativ leicht realisierbar. Nun ein Beispiel, das nicht einem der beiden Extremfälle zugeordnet werden kann:

In einer Urne liegen gut gemischt n schwarze und n weiße Kugeln (ansonsten von gleicher Beschaffenheit). Die Versuchsfolge besteht darin, aufs Geratewohl hintereinander Kugeln (blind) zu entnehmen, die nicht wieder zurückgelegt werden. Als Versuchsergebnis diene jeweils die Feststellung, dass die entnommene Kugel weiß beziehungsweise schwarz ist. Da sich das Anzahlverhältnis der schwarzen und weißen Kugeln nach jedem Versuch in bekannter Weise verändert, beeinflussen die gesehenen Versuche die Erwartung für das Ergebnis des folgenden Versuchs; nach $2n - 1$ Entnahmen ist die Farbe der letzten Kugel sogar sicher bekannt.

Eng verwandt mit diesem Kugelexperiment ist das Kartenspiel Black Jack, die Casinoversion von «Siebzehn und vier». Die sukzessive Austeilung der Karten liefert ebenfalls Informationen über die sich laufend verändernde Zusammensetzung des Reststapels – Informationen, die ein kluger Spieler bei seinen Entscheidungen berücksichtigen wird (siehe auch Cordonnier oder Monka / Tiede / Voß im Literaturverzeichnis).

Ob der dritte Fall als allgemeines Modell brauchbar ist, hängt davon ab, ob man die Intensität der Erwartung von E_j – oder, objektiver formuliert, ob man die Wahrscheinlichkeit E_j – sinnvoll, das heißt hier quantitativ und angenähert nachprüfbar definieren kann.

Machen wir uns die Möglichkeit eines Wahrscheinlichkeitsmaßes am einfachen Würfelversuch klar. Ergibt sich bei n-maligem Würfeln r_i-mal die Zahl $i \in \{1, 2, 3, 4, 5, 6\}$, so kann die relative Häufigkeit r_i/n als annäherndes Maß für das durchschnittliche Auftreten der Zahl i bei langen Wurfserien gelten, wenn die Zahl n groß ist. Die hierin enthaltene Prognose, dass spätere Versuchsreihen, die mit demselben Würfel unter gleichen Bedingungen getätigt werden, wahrscheinlich nur wenig abweichende relative Häufigkeiten r_i/n liefern, unterscheidet sich kaum von der üblichen naturwissenschaftlichen Induktion – der Schlussfolgerung vom Besonderen auf das Allgemeine. Nun lässt sich die Aussage «Bei einem speziellen Würfelversuch wird mit der Wahrscheinlichkeit 1/6 die Zahl 4 gewürfelt» mit dem Sinn belegen: Wenn dieser Würfel unter gleichen Bedingungen sehr oft geworfen wird, tritt die Zahl 4 ungefähr mit der relativen Häufigkeit 1/6 auf. Dieser Sinn von Wahrscheinlichkeit ist intuitiv akzeptabel, empirisch zugänglich und nützlich.

Nur liefert er keine direkte Definition für Wahrscheinlichkeit. Denn keine relative Häufigkeit kann als Wahrscheinlichkeit selbst angesehen werden, und auch der Versuch, die Wahrscheinlichkeit als Grenzwert relativer Häufigkeiten zu definieren und auf dieser Definition die Wahrscheinlichkeitstheorie aufzubauen, führt zu logischen Schwierigkeiten, die letztlich nicht mehr überwindbar sind.

Überhaupt besitzt der Würfelversuch eigenartige Aspekte. Zum Beispiel ist jeder Wurf als makrophysikalisches Phänomen vollständig determiniert. Absolut gleiche Versuche müssen daher immer dasselbe Resultat ergeben. Gleichartige Versuche im Sinne der obigen Ausführung sind daher solche, die an sich ungleich sind, über deren genaue Daten man aber in gleicher Weise uninformiert ist.

Tatsächlich ist in der obigen Wahrscheinlichkeitsvorstellung kein Unterschied zwischen *zufälligen indeterminierten* Ereignissen und *determinierten zufälligen* Ereignissen angelegt, nach deren Auftreten lediglich im statistischen Mittel gefragt wird.

Statt eines (wirklichen) Würfels nehme man das (wirkliche) Roulette. Die Analogien bleiben voll bestehen. Die Unterscheidung zwischen determiniert zufällig («*nichtzufällig* zufällig») und wirklich zufällig oder indeterminiert («*zufällig* zufällig») ist hier aber höchst interessant. Ich habe diese durchaus quantifizierbaren Unterschiede eingehend untersucht und nach unzähligen praktischen Versuchen, sowohl im Labor als auch vor Ort in den Casinos, unter anderem im Buch «Die Welt als Roulette – Denken in Erwartungen» zusammengefasst.

Jetzt könnten wir fortfahren, Postulate, denen ein Wahrscheinlichkeitsbegriff genügen sollte, durch Empirie und Überlegung zu suggerieren, um dann in der Mathematik umzukippen und die logischen Konsequenzen dieser Postulate zu prüfen.

Es ist jedoch einfacher, die Axiome anzugeben, auf die man heute die Wahrscheinlichkeitsrechnung baut, und den Würfelversuch in ihrem Licht zu betrachten. Wenn diese Axiome gut, das heißt zweck-mäßig sind, muss unter ihren Folgerungen ein Satz auftreten, der das Phänomen «erklärt», dass die relativen Häufigkeiten bei hinreichend langen Wurfreihen ungefähr stabil sind. Dieser Satz ist schon lange bekannt: Es ist das *Gesetz der großen Zahlen*, das Jakob Bernoulli bereits im Jahre 1689 bewies – natürlich aus Prämissen, die mit der formalen axiomatischen Definition wenig gemein haben.

Der Kolmogoroff'sche Wahrscheinlichkeitsraum und seine Interpretation

Um diesen Begriff zu definieren, lösen wir uns vorerst von spezifi-schen Vorstellungen und Deutungen, die uns die reale Welt suggerie-ren mag. Das kann nur heißen, dass wir (vorerst, wie gesagt) wieder in die Sprache der Mengen und Abbildungen (Funktionen) «verfal-len».

Wenn Sie noch die ungefähre Definition des topologischen Rau-mes im Kopf haben oder sich zumindest daran erinnern, dass eine topologische Struktur auf einer Menge M nichts anderes ist als eine besondere Auszeichnung von Teilmengen von M, dann wird Ihnen das Folgende schon ziemlich gewohnt vorkommen.

Ein System oder Tripel (M, $\mathbf{W}$, P) heißt *Wahrscheinlichkeitsraum*, wenn die folgenden Bedingungen gelten:
1. M ist eine Menge.
2. $\mathbf{W} \subseteq \mathbf{P}(M)$, das heißt, $\mathbf{W}$ ist eine Menge von (ausgezeichneten) Teilmengen von M, also eine Teilmenge der Potenzmenge $\mathbf{P}(M)$; $\mathbf{W}$ besitzt folgende Eigenschaften:
   a) $\emptyset \in \mathbf{W}$, $M \in \mathbf{W}$.
   b) Aus $A \in \mathbf{W}$ folgt $M \setminus A \in \mathbf{W}$, das heißt, mit A gehört auch die Differenzmenge $M \setminus A$ (das Komplement von A in M) zu $\mathbf{W}$.

c) Für jede endliche oder abzählbare Familie von Elementen aus **W** gehört auch ihre Vereinigung und ihr Durchschnitt zu **W**.

3. P: **W** → $[0, 1] \subset \mathbf{R}$ (das heißt, P ist eine Funktion von **W** in das abgeschlossene Einheitsintervall $[0, 1] = \{x \mid x \in \mathbf{R}, 0 \leq x \leq 1\}$); P besitzt die folgenden Eigenschaften:

a) $P(\emptyset) = 0, P(M) = 1$.

b) Für jede endliche oder abzählbare Familie $(A_i)_{i \in I}$ von Elementen aus **W**, bei der je zwei verschiedene Elemente disjunkt sind, gilt:

$$P(\bigcup_{i \in I} A_i) = \Sigma_{i \in I} P(A_i).$$

Das ist die ausführliche mengentheoretische Fassung von Andrej Kolmogoroffs axiomatischer Definition der Wahrscheinlichkeit (1933).

Wir interpretieren jetzt diese Axiome inhaltlich, wobei wir auf den Würfelversuch zurückgreifen. Die Menge M kann interpretiert werden als die Menge der elementaren Ereignisse, während **W** die Menge aller möglichen Ereignisse des Wahrscheinlichkeitsraumes (M, **W**, P) sein soll; **W** heißt das *Ereignisfeld*.

Wenn etwa ein Würfelversuch unmittelbar bevorsteht, dann ist folgendes Ereignisfeld sinnvoll: M bestehe aus sechs Ereignissen E_i = «Es wird die Zahl i gewürfelt», also M = $\{E_i \mid i = 1, 2, 3, 4, 5, 6\}$, und **W** sei die Menge aller Teilmengen von M. Dabei muss zum Beispiel das Ereignis A = $\{E_1, E_3, E_4\}$ gedeutet werden als: «Es wird 1 oder 3 oder 4 gewürfelt.» Allgemeiner bedeutet das Ereignis A ∈ **W**: «Eines der Elementarereignisse aus A tritt ein.» Es ist logisch klar, was die in **W** möglichen Verknüpfungen Durchschnitt und Vereinigung besagen. Das Ereignis A ∩ B muss gelesen werden «sowohl A als auch B», und das Ereignis A ∪ B bedeutet «A oder B» im nichtausschließenden Sinne. Das Ereignis M\A ist das Ereignis «nicht A»; und offenbar tritt für jedes A ∈ **W** stets genau eines der beiden Ereignisse A oder M\A ein. Das Ereignis M ist absolut sicher, das

Ereignis Ø hingegen unmöglich. Die Eigenschaften 2a), b), c) eines Ereignisfeldes **W** sind damit verständlich, und ihre Postulierung ist recht plausibel.

Auf die Gründe dafür, dass im Axiom 2c) einerseits nicht nur endliche, sondern *abzählbare* Vereinigungen und Durchschnitte von Elementen aus dem Ereignisfeld **W** wieder zu **W** gehören sollen, andererseits aber derartige Operationen mit *überabzählbaren* Familien ausgeschlossen sind, gehe ich nicht ein, weil das zu weit führen würde. Geben wir uns mit der Abgeschlossenheit des Mengensystems **W** gegenüber abzählbarer Durchschnitts- und Vereinigungsbildung zufrieden. Es ist ein goldener Mittelweg. [Man sagt, eine Menge oder ein Mengensystem sei *abgeschlossen gegenüber einer Operation*, wenn jedes Operationsergebnis wieder zum Mengensystem gehört. Wir könnten uns sogar fragen, ob die Potenzmenge **P**(M) einer beliebigen Menge M nicht ein Ereignisfeld sein könnte (aber ja!).]

Wir haben noch die Axiome unter 3. zu interpretieren. Hier wird jedem Ereignis A ∈ **W** ein reeller Wahrscheinlichkeitswert P(A) zugeordnet. Das Axiom 3a) enthält willkürliche Normierungsforderungen, die aber mit der Vorstellung von relativen Häufigkeiten von Versuchsergebnissen gut harmonieren. Das sichere Ereignis M wird eben bei jedem Versuch eintreten; es hat bei jeder Versuchsreihe die relative Häufigkeit 1 (zum Beispiel wird beim Würfelversuch sicher jedes Mal eine Zahl gewürfelt – es sei denn, der Würfel verschwindet während des Wurfs und man findet ihn nicht mehr wieder, oder er rotiert ewig in der Luft, oder ... na ja, Sie wissen schon). Eine analoge Plausibilisierung trifft auf P(Ø) = 0 zu.

Die Forderung 3b) schließlich ist das wohl wichtigste Axiom des Wahrscheinlichkeitsraumes. Denn es ist das einzige Axiom, welches effektive Methoden zur Berechnung von Wahrscheinlichkeiten ermöglicht. Und auch im Hinblick auf relative Häufigkeiten ist 3b) plausibel.

Bei einer Serie von n Würfen werden zum Beispiel n_1-mal die 1 und n_2-mal die 2 gewürfelt. Das Ereignis {1} ∪ {2} = {1, 2} («1 oder

2») ist $(n_1 + n_2)$-mal geworfen worden, das heißt, die relative Häufigkeit des Ereignisses «1 oder 2» ist $(n_1 / n) + (n_2 / n)$, also gleich der Summe der relativen Häufigkeiten von 1 und 2.

Charakteristisch für den axiomatischen Ansatz ist, dass nicht nur sich ausschließende, «elementare» Ereignisse betrachtet werden, sondern Zusammensetzungen wie «A und B» beziehungsweise «A oder B»; nur dadurch wird es möglich, die Eigenschaften einer sinnvollen Wahrscheinlichkeitsfunktion zu formulieren.

Im weiteren Aufbau der Wahrscheinlichkeitstheorie wird zum Beispiel der Begriff der bedingten Wahrscheinlichkeit definiert und, in der Folge, der Begriff der Unabhängigkeit (eines Ereignisses von einem anderen). Demnach heißen zwei Ereignisse unabhängig, wenn das Eintreten des einen die Wahrscheinlichkeit des anderen nicht beeinflusst. Für zwei unabhängige Ereignisse A und B gilt:

$$P(A \cap B) = P(A) \times P(B).$$

Bei einem regelmäßigen Würfel sind die Ereignisse $A = \{1, 2\}$ und $B = \{1, 3, 5\}$ voneinander unabhängig. Denn es ist $P(A) = \frac{1}{3}$, $P(B) = \frac{1}{2}$ und $P(A \cap B) = P(\{1\}) = \frac{1}{6} = \frac{1}{3} \times \frac{1}{2}$.

Das folgt alles aus den Axiomen und harmoniert auch mit unseren üblichen empirischen Interpretationen.

Unter den weiteren Folgerungen aus der axiomatischen Definition des Wahrscheinlichkeitsraumes tritt auch tatsächlich ein (seit Jahrhunderten bekannter) Satz auf, der das Phänomen erklärt, dass die relativen Häufigkeiten bei hinreichend langen Wurfreihen ungefähr stabil sind: das berühmte *Bernoulli'sche Gesetz der großen Zahlen.* Auch das spricht für die Zweckmäßigkeit des Kolmogoroff'schen Axiomensystems.

Jede Menge Räume –
das unendliche Spiel

Seit Jahrhunderten ist viel über das Raumproblem geschrieben worden. Die Konzeptionen der Philosophen (auch Immanuel Kants Lehre vom Raum als «Anschauungsform») waren durch die modernen Theorien der Physiker und Kosmologen infrage gestellt worden. Ja, bereits die Begründung einer ersten «nichteuklidischen» Geometrie im 19. Jahrhundert war Grund genug, die Frage nach dem Wesen des Raumes neu zu stellen. Doch es ist nicht Aufgabe der Mathematik, zur Frage der «Realgeltung» der euklidischen oder einer nichteuklidischen Geometrie Stellung zu beziehen.

In der Mathematik ist ein Raum einfach eine Menge mit Struktur, wie etwa eine Gruppe oder ein Körper. Die Elemente der (strukturierten) Menge nennen wir die «Punkte» des Raumes. Dessen Eigenschaften können dann aus den axiomatischen Definitionen deduziert werden.

Exkurs: Strukturierung – früher und heute

Vor Jahrzehnten haben die Mathematiker ihre Räume noch erheblich komplizierter strukturiert, nämlich mit einem Koordinatensystem, genauer: mit einer ganzen Menge von Koordinatensystemen. Man nannte dann *geometrisch* die in Koordinaten ausgedrückten Beziehungen, die beim Übergang von einem Koordinatensystem in ein anderes unveränderlich *(invariant)* bleiben. Ungeschickter geht's wohl nicht. Denn es ist unnatürlich, statt mit dem Wesentlichen mit etwas anzufangen, das irrelevant ist – nämlich mit dem Koordinatensystem –, das zudem die Einsicht in das geometrisch Wesentliche erschwert und das durch die Beschränkung auf invariante Eigenschaften begrifflich sogleich wieder eliminiert wird.

Natürlich kennt man in der heutigen, modernen Strukturmathematik auch Koordinatensysteme, aber nun bedient man sich ihrer hier und da, wo es gerade nötig ist, und nicht bereits zur Strukturierung. Dafür tritt in der modernen Auffassung etwas anderes, sehr Wichtiges in den Vordergrund: die *Automorphismen* der Struktur, das heißt diejenigen Selbstabbildungen der Trägermenge, die die Struktur invariant lassen. Bezüglich der Komposition (Hintereinanderausführung) von Abbildungen bilden die Automorphismen eine *Gruppe*.

Vielfach halten die Physiker noch an der alten Auffassung fest. Ihre Ausdrucksweise macht den heutigen Mathematikern, die das Alte sogar vom Hörensagen kaum noch kennen, Schwierigkeiten. (Und ich weiß jetzt, warum ich als Student mit der theoretischen Physik als Nebenfach so viel Mühe hatte.)

Doch kehren wir zum modernen Raumbegriff zurück.

Natürlich stehen die Bezeichnungen der mathematischen Strukturen mit ihren Anwendungsbereichen in einem gewissen Zusammenhang – denken Sie nur an den Kolmogoroff'schen Wahrscheinlichkeitsraum. Der Mathematiker nennt eine Menge X gerade dann einen «Raum», wenn sie gewisse Eigenschaften hat, die aus dem Erfahrungsraum der realen Welt vertraut sind. Für die weitere Gestaltung der Theorie kommt es aber (in erster Linie) nicht mehr auf diese Bezüge zur Anschauung an, sondern nur auf die Axiome der Struktur und die Folgerungen, die sich aus ihnen ziehen lassen.

Beginnen wir unsere kleine sporadische Raumschau mit der Definition eines Raumes, bei der die reale Möglichkeit des Messens von «Entfernungen» zur axiomatischen Grundlage gemacht wird. (Auch für feinere Untersuchungen in der Topologie und Analysis ist es wünschenswert, Umgebungen von Punkten in ihrer «Größe» vergleichen zu können.) Dies führt zum Begriff des «metrischen Raumes», der immer auch ein topologischer Raum ist.

Metrische Räume

Unter einer *Metrik* auf einer Menge X versteht man eine Abbildung

$$D: X \times X \to \mathbf{R}_0^+ = \{ r \mid r \in \mathbf{R}, r \geq 0 \}$$

mit folgenden Eigenschaften:

a) $D(x, y) = 0$ genau dann, wenn $x = y$ gilt.

b) $D(x, y) = D(y, x)$ (Symmetrie)

c) $D(x, y) \leq D(x, z) + D(z, y)$ (Dreiecksungleichung)

(X, D) heißt *metrischer Raum* und $D(x, y)$ heißt *Abstand* (oder *Entfernung*) der Punkte x und y (Eselsbrücke: D für «Distanz»).

X sei eine Menge, auf der eine Metrik D erklärt ist. Ist x_0 ein Punkt von X, so nennt man die Menge aller $x \in X$ mit $D(x_0, x) < r$ beziehungsweise $D(x_0, x) \leq r$ ($r \in \mathbf{R}_0^+$) die *offene* beziehungsweise *abgeschlossene Kugel mit dem Mittelpunkt* x_0 *und dem Radius* r.

Jeder metrische Raum lässt sich nun dadurch topologisieren, dass das System der offenen Kugeln (um die Elemente $x \in X$ als Mittelpunkte) als System ausgezeichneter Teilmengen von X definiert wird – leicht vereinfacht erklärt. Da dieses System die Axiome einer Topologie tatsächlich erfüllt, erzeugt so jede Metrik eine Topologie.

Beispiele

1. Wenn x und y im gewöhnlichen euklidischen Raum $\mathbf{R}^2 (= \mathbf{E})$ die Koordinaten x_1, x_2 beziehungsweise y_1, y_2 haben, lässt sich durch

$$D_{\mathbf{E}}(x, y) = \sqrt{(x_1 - y_1)^2 + (x_2 - y_2)^2}$$

eine Metrik, die *euklidische Metrik*, definieren. Dadurch wird auch die Bezeichnung «Dreiecksungleichung» im Axiom c) verständlich (denn die direkte Entfernung zweier Punkte x und y kann nicht größer sein als die Summe ihrer Entfernungen über einen dritten Punkt z). Diese Metrik lässt sich mühelos auf den n-dimensionalen $\mathbf{R}^n$ verallgemeinern.

Auf den $\mathbf{R}^1$, das heißt auf der Geraden $\mathbf{R}$, reduziert sich die euklidische Metrik auf den gewöhnlichen Absolutbetrag:

$$D_{\mathbf{R}}(x, y) = |x - y|$$

(Zum Absolutbetrag: $|x| = x$ für $x \geq 0$, und $|x| = -x$ für $x < 0$.)

2. Bei der Definition der Metrik wird nicht verlangt, dass sie eine einfache geometrische Deutung zulassen muss. Hier ein Beispiel eines metrischen Raumes, bei dem eine geometrische Interpretation der Entfernung nicht (ohne weiteres) gegeben ist: die Menge $\mathbf{Q}^3$ der Tripel rationaler Zahlen $a = (a_1, a_2, a_3)$ mit der Metrik

$$D(a, b) = \sum_{k=1}^{3} \frac{|a_k - b_k|}{1 + |a_k - b_k|}.$$

(Der Nachweis der Dreiecksungleichung ist etwas knifflig.)

3. Für Leser, die mit den Grundzügen der Reihenlehre vertraut sind, hier noch ein interessantes Beispiel.

$\mathbf{H}$ bezeichne die Menge der Folgen $x = (x_1, x_2, x_3, \ldots)$ reeller Zahlen x_j, für die der Ausdruck

$$\sum_{j=1}^{\infty} x_j^2 = x_1^2 + x_2^2 + x_3^2 + \ldots$$

konvergiert (das heißt endlich ist). Diese Folgen sind die Elemente *(Punkte)* des *Hilbert'schen Raumes* $\mathbf{H}$. Die Entfernung $D(x, y)$ zweier Punkte dieses Raumes ist gegeben durch

$$(D(x, y))^2 = \sum_{j=1}^{\infty} (x_j - y_j)^2.$$

Dass diese Reihe konvergiert, wenn $\sum x_j^2$ und $\sum y_j^2$ konvergieren, erkennt leicht, wer die Reihenlehre schon beschnuppert hat. Die Dreiecksungleichung ist gültig, und damit ist die Menge $\mathbf{H}$ mit der definierten Abstandsfunktion tatsächlich ein metrischer Raum.

Bevor wir zu einem weiteren wichtigen Raumtyp kommen, sehen wir uns auf Seite 103 noch kurz die Definition eines Vektorraumes an.

Normierte Räume

Es liege ein reeller Vektorraum $(X; +; \mathbf{R}; \cdot)$ vor, wofür wir kurz X schreiben.

Unter einer *Norm* auf dem $\mathbf{R}$-Vektorraum X versteht man eine Abbildung

$$\| \ \|: X \to \mathbf{R}_0^+ = \{ r \mid r \in \mathbf{R}, r \geq 0 \}$$

mit folgenden Eigenschaften:

a) $\| x \| = 0$ genau dann, wenn $x = 0$ (Nullvektor) gilt.

b) $\| \alpha \cdot x \| = | \alpha | \cdot \| x \|$ für alle $\alpha \in \mathbf{R}, x \in X$.

c) $\| x + y \| \leq \| x \| + \| y \|$ für alle $x, y \in X$.

$(X, \| \ \|)$ heißt *normierter $\mathbf{R}$-Vektorraum* oder kurz *normierter Raum*. (Ein normierter $\mathbf{C}$-Vektorraum lässt sich ganz analog definieren.)

Für b) schreibt man kurz: $\| \alpha x \| = | \alpha | \| x \|$, wohlwissend, dass αx das Produkt einer reellen Zahl mit einem Vektor ist, während $| \alpha | \| x \|$ das Produkt zweier reeller Zahlen ist ($| \ |$ ist der Absolutbetrag). Einfachstes Beispiel eines normierten Raumes ist $\mathbf{R}$ selbst mit dem Absolutbetrag als Norm: $(\mathbf{R}, | \ |)$.

Trotz gewisser Ähnlichkeiten ist eine Norm etwas anderes als eine Metrik. (Der Definitionsbereich einer Metrik ist das kartesische Produkt $X \times X$, während eine Norm für jedes Element $x \in X$ einen Wert liefert.) Dennoch lässt sich mittels der Norm eine Metrik einführen, und zwar durch die Festlegung:

$$D_{\| \ \|}(x, y) = \| x - y \|.$$

$D_{\| \: \|}$ bezeichnet die durch die Norm $\| \: \|$ induzierte Metrik, deren Definitionsbereich $X \times X$ ist und die die Axiome des metrischen Raumes erfüllt; $x - y$ ist eine einfache Schreibweise für $x + (-y)$.

Nun haben wir aber vor kurzem (Seite 159) gesehen, dass jede Metrik eine Topologie induziert (nämlich das «System der offenen Kugeln», Sie erinnern sich). Ergo muss jede Norm über die von ihr induzierte Metrik ebenfalls eine Topologie induzieren: Bingo!

Die dadurch auf X erklärte Topologie ist mit der Vektorraum-Struktur von X verträglich (was bedeutet, wie wir noch wissen, dass die Verknüpfungen $+$ und $\bullet$ stetig sind), und so wird X zu einem linearen topologischen Raum, den man kurz *normierter linearer Raum* nennt.

Nun machen wir einen kleinen Rückgriff auf allgemeine metrische Räume (X, D) und definieren eine so genannte Cauchy-Folge.

Eine Folge (x_n) von Elementen eines metrischen Raumes (X, D) heißt *Cauchy-Folge*, wenn zu jedem reellen positiven r eine natürliche Zahl $n_0 = n_0(r)$ derart existiert, dass für alle $n, m > n_0$ gilt:

$D(x_n, x_m) < r.$

Bemerkungen

(1) Die Schreibweise $n_0 = n_0(r)$ besagt, dass der Index n_0 von r abhängen darf. (2) Statt der reellen positiven Zahl r ($r \in \mathbf{R}$ mit $r > 0$, oder $r \in \mathbf{R}^+$) wird üblicherweise das berühmte ε («Epsilon») verwendet. Die Interpretation ist nicht schwer: Bei einer Cauchy-Folge wird der Abstand zwischen zwei beliebigen Gliedern ab einem Index $n_0(r)$ kleiner als jede vorgegebene reelle Zahl $r > 0$, wie klein sie auch immer gewählt wurde.

Nun heißt ein metrischer Raum *vollständig*, wenn jede Cauchy-Folge einen Grenzwert in X hat. (Zum Begriff des Grenzwertes siehe

Seite 147.) Mit diesen Festlegungen lässt sich eine wichtige Klasse von Räumen definieren: Ein vollständiger normierter (Vektor-) Raum wird *Banach-Raum* genannt.

Auf dem Vektorraum $\mathbf{R}^n$ lassen sich – neben der auf n Dimensionen verallgemeinerten euklidischen Norm – noch verschiedene weitere Normen erklären. Darauf gehe ich aber nicht ein.

Es muss noch einmal darauf hingewiesen werden, dass die Elemente einer (strukturierten) Menge X auch Abbildungen beziehungsweise Funktionen sein können. Bilden wir zum Beispiel folgenden reellen Vektorraum: Seine Elemente seien die auf einem Intervall $[a, b] \subset \mathbf{R}$ definierten stetigen Funktionen. Die Summe zweier Elemente f und g ist durch $(f \oplus g)(t) = f(t) + g(t)$ für alle $t \in [a, b]$ definiert, das Produkt von f mit einer reellen Zahl α durch $(\alpha \otimes f)(t) = \alpha(f(t))$ für alle $t \in [a, b]$. Dieser Vektorraum wird mit $C_0[a, b]$ bezeichnet. Da er sich normieren lässt (auf die möglichen Normen gehe ich nicht ein), ist der Funktionenraum $C_0[a, b]$ ein linearer normierter Raum, und folglich trägt er auch eine Topologie. Versehen mit einer speziellen Norm (der so genannten Tschebyscheff-Norm), ist $C_0[a, b]$ sogar vollständig und damit ein Banach-Raum.

Der aufmerksame Leser ahnt bereits, dass hier noch weitere Räume, etwa $C_1[a, b], C_2[a, b], \ldots, C_n[a, b]$ (für jedes natürliche n) und vielleicht sogar noch $C_\infty[a, b]$ definiert werden. Tatsächlich lassen sich beliebig viele Räume, mit deren Elementen – Funktionen – tagtäglich umgegangen wird, definieren, studieren und erforschen. Für Leser, die den Begriff der Ableitung einer Funktion kennen (ich gehe in diesem Buch nicht darauf ein), steht C für «stetig» – englisch: continuos, französisch: continu – und der Index n für wie oft (mindestens) die Funktionen, die diesen Raum bilden, auf dem Intervall $[a, b]$ fortgesetzt differenzierbar sind. Zum Beispiel sind die reellen Funktionen sin x oder e^x Elemente des Raumes $C_\infty[\mathbf{R}]$, aber auch aller Räume $C_n[\mathbf{R}]$, $n \in \mathbf{N}_0$.

Zusammenspiel zwischen reiner und angewandter Mathematik

Rufen wir uns zwei Darstellungen in Erinnerung.

Erstens die Darstellung des mehrstufigen Abstraktionsprozesses, der der Entwicklung der mathematischen Objekte von den «Mengen mit konkreten Dingen» über die «Zahlenwelt» bis hin zu den «abstrakten Mengen und Räumen» veranschaulicht (Seite 27); ein anspruchsvolles Beispiel, das das Wechselspiel zwischen konkreter, außermathematischer Anregung und struktureller Konzeption deutlich macht, ist der Kolmogoroff'sche Wahrscheinlichkeitsraum.

Und zweitens die globale Darstellung des mathematischen Gebäudes von den drei «Grundstrukturen» über die «Mischstrukturen» bis hin zu den über 3000 «speziellen Strukturen (mathematische Einzeldisziplinen und Modelle)» (Seite 131).

Eine Synthese dieser beiden zentralen Aspekte versucht die folgende Darstellung (auf Seite 165) zu vermitteln. Besinnen wir uns schließlich, dass die laufend auftauchenden Fragen den Motor der mathematischen Theorienentwicklung bilden, dann wird uns voll bewusst, dass Mathematik ein intellektuell reizvolles, unendliches Spiel ist.

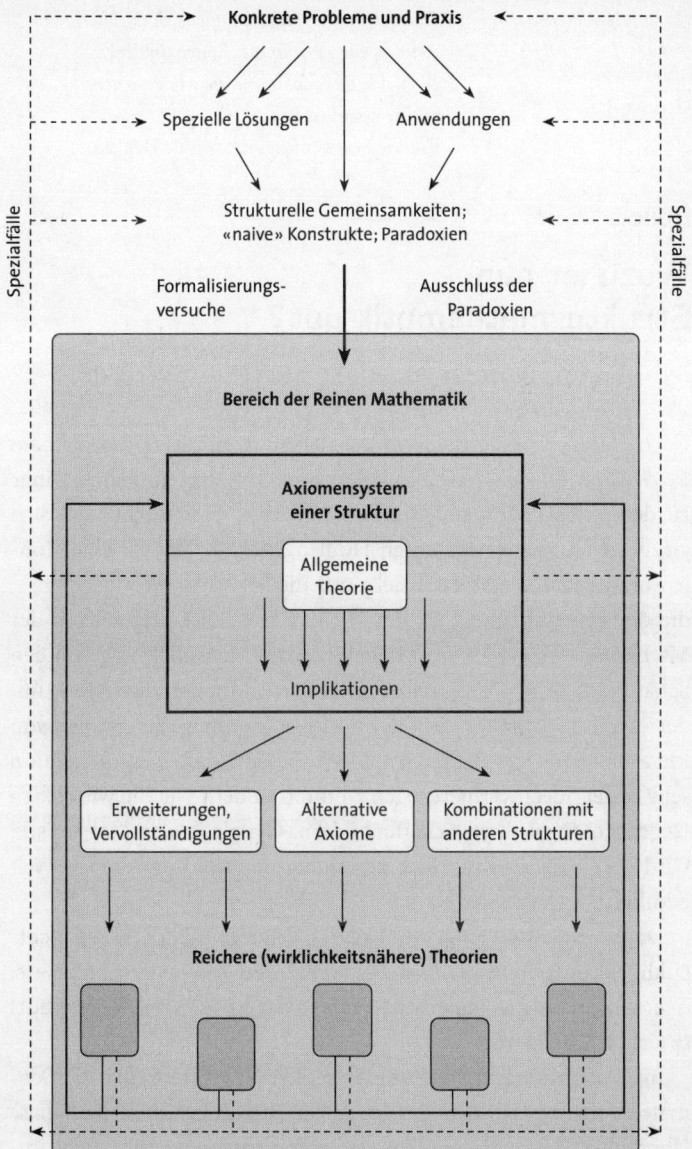

Epilog

Wozu ist nun Strukturmathematik gut?

Nach Platon sind die Erkenntnisse der Mathematik *Einblicke in das Reich der Ideen*. Das Verhältnis der sinnlich wahrnehmbaren Dinge zu den – für Platon sehr realen – «Ideen» verdeutlicht man sich am besten an dem berühmten Höhlengleichnis: Der an eine Höhlenwand gefesselte Mensch sieht nur die Schattenbilder der Dinge, die der Feuerschein an die Wand wirft. Die Beschäftigung mit der Mathematik aber veranlasst den Menschen, den Blick weg von den Schatten auf die Dinge selbst zu richten. Mit der *Idee* Kreis, mit der *Idee* Gerade hat es der Mathematiker zu tun, nicht mit den von Menschenhand geschaffenen Bildern dieser *Ideen*. Diese für Platon sehr realen Ideen verhalten sich zu ihren Bildern wie die wirklichen Gegenstände zu ihren Schattenbildern. Gerade in der Mathematik wird die Bedeutung der Idee gegenüber dem Bild in «dieser» Welt deutlich.

Doch was hätte Platon wohl gesagt, wenn er die Ideen der nicht-euklidischen Geometrie und der komplexen Zahlen gekannt hätte, denen ja zuerst gar keine adäquaten Bilder in «dieser» Welt zu entsprechen schienen?

Im 18. Jahrhundert hatte Immanuel Kant fast vorsorglich die Geometrie Euklids als die a priori einzig zulässige dekretiert. Durch diese Überheblichkeit war dann das 19. Jahrhundert jedenfalls nicht imstande, die nichteuklidische Geometrie mit Gelassenheit als ein rein logisches Manöver zur Kenntnis zu nehmen: Wenn etwas «Geometrie» genannt wurde, musste es sich mit unserer Raumvorstellung verbinden lassen. Das gab reichlich Anlass zu Diskussionen über folgende Fragen:

Naive Frage: Welcher Geometrie gehorcht der wirkliche Raum?
Nach-Frage: Ist dies eine Frage an die Wirklichkeit oder an unsere Art, uns ein Urteil über die Wirklichkeit zu bilden?
Nach-Nach-Frage: Wie kann man solche Fragen entscheiden? Inwiefern sind sie zulässig, zwingend?

Später sollte das Konzept der nichteuklidischen Geometrie mit den Einstein'schen Ideen über die Krümmung des Raumes durch die Materieverteilung eine experimentelle Bestätigung in «dieser» Welt erfahren.

Auch das zweite Beispiel ist für die Philosophie nicht gerade schmeichelhaft: Wurde von früheren Kritikern, eben vor allem Philosophen, die Erfindung der komplexen Zahlen noch als «unmöglich» und «nutzlos» deklariert, so bildet sie heute das mathematische Rückgrat bei Anwendungen in Elektrotechnik, Aerodynamik, Flüssigkeitsmechanik und Quantentheorie – zweifellos alles Dinge «dieser» Welt.

Wer würde angesichts dieser fortgesetzten Blamage heute noch behaupten wollen, die formal-abstrakten Strukturen der Mathematiker seien unmöglich und nutzlos? Ihnen würden niemals Dinge «dieser» Welt entsprechen? Oder alles geistig Konstruierte müsse sich auf Vertrautes zurückführen lassen?

«In der Mathematik geht es überhaupt nicht um ontologische Aussagen ... Es ist aber durchaus sinnvoll zu verabreden, dass die durch Axiomsysteme implizit definierten ‹Dinge› als ‹existent› angesprochen werden sollen, wenn das System widerspruchsfrei ist. Sie sind dann eben als Gegenstände einer vernünftigen Theorie ‹existent›. Für die weiter gehende Frage, ob etwa die Punkte eines topologischen Raumes einem realen Gegenstand in der Außenwelt oder in irgendeiner ‹Welt der Ideen› entsprechen, ist die Mathematik nicht zuständig.» (Herbert Meschkowski, 1964).

Zugegeben, diese ursprünglich von David Hilbert vertretene formalistische Konzeption ist recht bequem, kann man doch das Unanschauliche, wie etwa Cantors unendliche Stufen des Unendlichen, stets der Logik in die Schuhe schieben. Andererseits zeugt sie von Toleranz und Freiheit. Und dass sie noch lange nicht obsolet ist und sogar über die Mathematik hinaus Gültigkeit zu haben scheint, lässt eine aktuelle Frage des Physiknobelpreisträgers Steven Weinberg durchblicken: «Kann eine Theorie einen Bereich beschreiben, in dem alle Intuition, die sich aus dem Leben in der Raumzeit ableitet, keine Gültigkeit hat?» Warum eigentlich nicht? Schließlich leben wir ja nicht im Bereich der Strings oder ähnlicher Erklärungsversuche des Subatomaren, das dennoch über x Ecken mit uns wechselwirkt.

Auch wenn uns ihre Merkmale und Ausprägungen extrem unterschiedlich erscheinen, können Bereiche, zwischen denen Wechselwirkungen stattfinden, nur von *einer* – einheitlichen – Welt sein. Daher ist es im Grunde müßig, ohne Not und prinzipiell zwischen dieser Welt der Dinge und jener der Ideen zu unterscheiden – wie es auch müßig ist, grundsätzlich zwischen «natürlicher» und «künstlicher», vom Menschen geschaffener Evolution zu unterscheiden, ganz egal, ob es sich um Robotik, Gentechnik oder irgendwelche Ideen handelt. So gesehen ist der Platonismus intellektuelle Schizophrenie – und als solche auch der Ursprung des Leib-Seele-Problems, an dem sich die Philosophen so ergötzen.

Damit ist Mathematik aber auch etwas Handfestes und jedes mathematische Objekt keinesfalls beliebig, sondern Produkt einer zielgerichteten Konstruktion. Das macht besonders die Strukturmathematik sehr deutlich. Als weitere ihrer Ergebnisse können genannt werden:

- Durch universell anwendbare Begriffsbildung lässt sie eine einheitliche Sprache der Mathematik entstehen.
- Die Strukturmathematik vereinfacht die Mitteilbarkeit mathematischer Ergebnisse und Methoden.
- Der Aufbau der Mathematik aus einfachen Strukturen liefert eine übersichtliche Selbstdarstellung der Wissenschaft «Mathematik», die gestattet, die Tätigkeit des einzelnen Wissenschaftlers adäquat einzuordnen. Damit ermöglicht sie, ein prinzipielles Verständnis der Mathematik zu gewinnen.

Insgesamt sind damit die Voraussetzungen geschaffen für eine leichtere Anwendbarkeit (struktur)mathematischer Methoden in allen Situationen, in denen mathematische Modelle eine Rolle spielen (und noch spielen werden), seien es andere Wissenschaften, die Technik, die Wirtschaft oder auch die Situationen des täglichen Lebens.

Aber auch die höhere Schule, in der die Mathematik unter anderem eine Disziplin zur Geistesbildung ist, kann aus dem Heranziehen und Beachten struktureller Gesichtspunkte Nutzen ziehen. Dem Lehrer hilft die Kenntnis dieser klar angelegten Gliederung der Mathematik, sich zu orientieren, und gibt ihm dadurch größere Sicherheit in der Auswahl und Deutung des Lehrstoffes. Was er vermittelt, steht nicht isoliert, sondern hat Bezug zu einem Ganzen, ihm Bewussten.

Strukturelles Denken bedeutet Durchschaubarmachen der Mathematik bis in die Tiefe. Die Begriffe sollen vor dem strukturellen Hintergrund durchsichtig werden, und hervortreten soll der reine Denkvorgang. Axiomatische Methode und struktureller Aufbau bedeuten aber keinesfalls Verallgemeinerung und Abstraktion um jeden Preis. Die Denkvorgänge sollen immer auch an den großen Problemen der Mathematik erprobt werden, die als eine Art Schutzgeländer dienen, wie es Bourbaki einmal ausgedrückt hat.

Die vornehmste Tätigkeit des Mathematikers, nämlich die Entwicklung oder Vorantreibung mathematischer Theorien, ist ein überaus kreatives Science-Fiction-Spiel, das darin besteht, aus dem axiomatischen Fundament immer weitere Theoreme abzuleiten, die wiederum als Ausgangspunkte für weitere Herleitungen benutzt werden können. Dabei sind die laufend auftauchenden Fragen der Motor einer grenzenlosen Entwicklung.

Bei dieser Art wilden Denkens muss er sich genauso frei fühlen wie ein Künstler bei seinem Schaffen. Denn nicht nur in der Kunst ist das wilde Denken unentbehrlich. Dessen Essenz ist Freiheit und Notwendigkeit, Logik und Mystik – inspirierte Poesie. So wie Picasso und Kandinsky die Freiheit des Geistes in der Abstraktion sahen, so sah Cantor das Wesen der Mathematik in ihrer Freiheit. Die letzte These seiner in Latein verfassten Dissertation lautet: «In re mathematica ars proponendi quaestionem pluris facienda est quam solvendi» – In der Mathematik ist die Kunst, eine Frage zu stellen, höher zu bewerten als die Kunst, sie zu lösen.

Literatur:
Quellen und Hinweise

Basieux, P.: *Die Top Ten der schönsten mathematischen Sätze*. Reinbek 2000

Basieux, P.: *Abenteuer Mathematik: Brücken zwischen Wirklichkeit und Fiktion*. Reinbek 1999

Basieux, P.: *Die Welt als Roulette: Denken in Erwartungen*. Reinbek 1995

Beutelspacher, A.: «*Das ist o.B.d.A. trivial*». *Eine Gebrauchsanleitung zur Formulierung mathematischer Gedanken*. Braunschweig/Wiesbaden 1995 (3., überarb. Aufl.)

Blum, W.: *Die Grammatik der Logik: Einführung in die Mathematik*. München 1999

Bourbaki, N.: «The Architecture of Mathematics.» In: *American Math. Monthly* **57** (1950) 221–232

Burnham, J.: *Kunst und Strukturalismus*. Köln 1973

Connes, A.: «Scheinwerfer auf die Realität: Wie die Mathematik Wirklichkeiten findet und erschließt.» In: *Frankfurter Allgemeine Zeitung*, Nr. 48/2000

Cordonnier, C.: *Black Jack – Spiel und Strategie*. München 1997 (3. Aufl.)

Davis, P. J./Hersh, R.: *Erfahrung Mathematik*. Basel 1994

dtv-Atlas Mathematik (1; 2). München 1998

Freudenthal, H. (Hrsg.): *Raumtheorie*. Darmstadt 1978

Gottschling, E., et al.: «Problem und Struktur.» Freie Universität Berlin 1967/1968

Grotemeyer, K. P./Letzner, E.: «Der strukturelle Aufbau der Mathematik.» Freie Universität Berlin 1963/1970

Grotemeyer, K. P./Schmidt, J.: «Strukturelle Aspekte von Algebra und Analysis.» Freie Universität Berlin 1964/1965

Halmos, P. R.: *Naive Mengenlehre.* Göttingen 1968 (2. Aufl. 1969)

Meschkowski, H.: *Einführung in die moderne Mathematik.* Mannheim 1964

Meschkowski, H.: *Mathematik verständlich dargestellt.* Wiesbaden 1997

Monka, M. / Tiede, M. / Voß, W.: *Gewinnen mit Wahrscheinlichkeit: Statistik für Glücksritter.* Reinbek 1999

Reinhardt, F. / Soeder, H.: Siehe dtv-Atlas Mathematik (1; 2)

Schiebler, R.: «Paradoxien des Unendlichen: Hundert Jahre Magritte und die Mathematik.» In: *Frankfurter Allgemeine Zeitung,* Nr. 271/1998

Sossinsky, A.: *Mathematik der Knoten: Wie eine Theorie entsteht.* Reinbek 2000

Taschner, R.: *Das Unendliche.* Berlin / Heidelberg 1995

Tetens, H.: «Die Grenze: Naturwissenschaft lässt sich mit Bildern popularisieren, aber nur mit Mathematik verstehen.» In: *Die Zeit,* Nr. 37/1999

Register

Abbildungen 26, 32 f., 45, 50, 66, 70, 88, 100, 163 (→ Funktion)
- antitone 74 f.
- automorphe 109
- bijektive 34, 48 f., 51, 53, 55, 59, 61, 63, 82, 108, 123, 143
- Definition, erste 32, 34
- Definition, zweite 34
- eineindeutige 34
- Eins-zu-eins- (→ bijektive)
- homomorphe 120 (→ Homomorphismen)
- homöomorphe (topologische) 123
- identische 35, 59, 121
- injektive 34 f., 50, 61, 63, 143
- inverse 51, 108, 123 (→ Umkehrabbildung)
- isomorphe 144
- isotone 74 f., 106, 120
- kanonische 126
→ kartesisches Produkt 57
→ Komposition 58
- konstante 60, 121
- lineare 107
- monotone 75
→ Morphismen, strukturelle 125
- natürliche 63, 126
- nichttopologische 123
- offene 122
- stetige 106, 111, 120–123, 132
- strukturtreue 67, 69, 105, 109, 123, 143 f. (→ Morphismus)
- surjektive 34 f., 50, 61, 63
- topologische 123
- umkehrbar eindeutige 34 f.
- verkettete 56 (→ Hintereinanderausführung)
→ Verknüpfung zwischen 56, 89

Abbildungsdiagramm
- kommutatives 58 f., 63, 145

Abbildungssatz 63, 125

Abel, Niels Henrik 90
   (→ Gruppe, abelsche)

Abschnitt 82

Absolutbetrag 160 f.

Absorptionsgesetze 102
   (→ Verschmelzungsgesetze, Verband)

Abstandsfunktion 112, 160
   (→ Metrik)

Abstraktion 7 f.
- als Vereinfachungsprozess 113
- Entfremdung 8
- Freiheit des Geistes 7
- mehrstufiger Prozess 25 f., 45

Aktual-Unendliches 52, 55
   (→ Unendliches)

rororo science: Die Titel

- Jaynes, Julian
**Der Ursprung des Bewußt-
seins**
19529 1

- Kaku, Michio
Im Hyperraum
Eine Reise durch Zeittunnel und
Paralleluniversen
60360 8

- Kippenhahn, Rudolf
Verschlüsselte Botschaften
Geheimschrift, Enigma und
Chipkarte
60807 3

- Kröber, Karl Günter
**Das Märchen vom Apfel-
männchen**
Band 1: Wege in die Unendlich-
keit
60881 2

**Das Märchen vom Apfel-
männchen**
Band 2: Reise durch das
malumitische Universum
60882 0

- Linke, Detlef B.
Hirnverpflanzung
Die erste Unsterblichkeit auf
Erden
60135 4

- Lurija, Alexander R.
Das Gehirn in Aktion
Einführung in die Neuro-
psychologie
19322 1

- Mérö, Làszlo
Die Logik der Unvernunft
Spieltheorie und die Psychologie
des Handelns
60821 9

- Monka, Michael ·
Tiede, Manfred · Voß, Werner
**Gewinnen mit Wahrschein-
lichkeit**
Statistik für Glücksritter
60730 1

- Neubauer, Dieter
**Demokrit läßt grüßen:
Eine andere Einführung in
die Anorganische Chemie**
60550 3

- Nørretranders, Tor
Spüre die Welt
Die Wissenschaft des Bewußtseins
60251 2

- Peitgen, Heinz-Otto ·
Jürgens, Hartmut ·
Saupe, Dietmar
Bausteine des Chaos
Fraktale
60250 4

Chaos
Bausteine der Ordnung
60551 1

- Pössel, Markus
Phantastische Wissenschaft
Über Erich von Däniken und
Johannes von Buttlar
60259 8